Mangesh Raut
Umesh Chinchmalatpure

Lei nacional de garantia de emprego rural Mahatma Gandhi

Mangesh Raut
Umesh Chinchmalatpure

Lei nacional de garantia de emprego rural Mahatma Gandhi

Atitude dos beneficiários em relação à lei nacional de garantia de emprego rural de Mahatma Gandhi (MGNREGA)

Imprint

Any brand names and product names mentioned in this book are subject to trademark, brand or patent protection and are trademarks or registered trademarks of their respective holders. The use of brand names, product names, common names, trade names, product descriptions etc. even without a particular marking in this work is in no way to be construed to mean that such names may be regarded as unrestricted in respect of trademark and brand protection legislation and could thus be used by anyone.

Cover image: www.ingimage.com

This book is a translation from the original published under ISBN 978-620-8-22594-0.

Publisher:
Sciencia Scripts
is a trademark of
Dodo Books Indian Ocean Ltd. and OmniScriptum S.R.L publishing group

120 High Road, East Finchley, London, N2 9ED, United Kingdom
Str. Armeneasca 28/1, office 1, Chisinau MD-2012, Republic of Moldova, Europe
Printed at: see last page
ISBN: 978-620-0-89235-5

LEI NACIONAL DE GARANTIA DO EMPREGO RURAL DE MAHATMA GANDHI

Atitude dos beneficiários em relação à Lei Nacional de Garantia do Emprego Rural de Mahatma Gandhi (MGNREGA)

Por

Sr. Mangesh Raut

&

Dr. Umesh Chinchmalatpure

RECONHECIMENTO

O sucesso e a relação dependem

Da capacidade do seu cérebro e da sua sorte, mas dependem sempre da grandeza dos seus belos pensamentos

Na vida de toda a gente, há um dia em que é preciso expressar os sentimentos em palavras. Por vezes, as palavras tornam-se incapazes de expressar os sentimentos da mente; porque os sentimentos do coração estão para além do alcance das palavras. Quando cheguei ao fim deste manuscrito, passaram-me pela cabeça tantas recordações, cheias de gratidão para com aqueles que me envolveram e ajudaram em várias fases do trabalho de investigação e também ao longo da minha vida. É com imenso prazer que registo os meus sentimentos neste lugar. Antes de dar lugar aos meus sentimentos, quero saudar cordialmente essa suprema consciência cósmica da qual tudo se origina no princípio e para a qual tudo vai até ao fim. Embora as palavras formais e escritas não possam transportar consigo a fragrância das emoções, elas são a forma disponível de exprimir emoções num reconhecimento formal.

Em primeiro lugar, exprimo o meu profundo sentimento de gratidão e de grande endividamento para com o meu guia dinâmico, dedicado, entusiasta e inspirador**, Dr. U. R. Chinchmalatpure**, Professor Associado, Departamento de Educação de Extensão, Instituto de Pós-Graduação, Dr. **Panjabrao Deshmukh Krishi Vidyapeeth, Akola, pela sua valiosa orientação e abordagem simpática. Chinchmalatpure**, Professor Associado, Departamento de Educação para a Extensão, Instituto de Pós-Graduação, Dr. Panjabrao Deshmukh Krishi Vidyapeeth, Akola, pela sua valiosa orientação e abordagem simpática ao sugerir o problema de investigação, oferecendo inspiração, orientação escolar e versátil, entusiasmo construtivo durante o curso da investigação, esforços de preparação do manuscrito e elaboração final da dissertação que me permitiram concluir o projeto de investigação. Estou-lhe grato pelo meu sucesso. Sinto-me grato aos membros do meu Comité Consultivo, Dr. R. S. Raut Professor assistente da Direção de Educação para a Extensão Dr. PDKV, Akola. Dr. S. P. Lambe Professor Associado Chefe de Secção, Faculdade de Agricultura Dr. PDKV, Akola e Dr. A. S. Tingre Professor Assistente (Economia) Departamento de Economia e Estatística Dr. PDKV, Akola. pelo seu grande interesse, encorajamento e valiosas sugestões de tempos a tempos na prossecução da presente investigação. É com orgulho que exprimo o meu sentimento de gratidão ao Dr. V. S. Tekale, Diretor do Departamento de Ensino de Extensão, PDKV, Akola, pelo seu apoio generoso e moral para a realização do presente estudo e pela disponibilização das instalações necessárias para a realização do trabalho de investigação. Gostaria de deixar registado o meu sincero agradecimento ao Dr. P. K. Nagre, Reitor Associado, Instituto de Pós-Graduação, Dr. PDKV, Akola, por ter proporcionado todas as facilidades necessárias durante a realização do presente estudo. Por fim, as palavras são insuficientes para exprimir os meus sentimentos mais profundos de amor, afeto e gratidão para com o meu respeitado e amoroso pai, Shri. Arunrao Laxman Raut, à minha querida mãe Sau. Pushpa Arunrao Raut e ao meu carinhoso irmão mais velho Kishor e Swapnil, pela sua cooperação neste esforço tão paciente e afetuoso, que me ajudou constantemente a completar a minha longa vida de estudante. As palavras não conseguem exprimir o meu profundo sentimento de gratidão e agradecimento aos meus queridos colegas e amigos, Sagar, Shamal, Sanjay Bagul, Harshal Yewatkar, Krushikesh Jagtap, Anuj Raut, Amol, Navalsing, Mukta, Seema, Shimon, Priyanka, Rani, Ashwini e outros amigos do círculo (instituto de pós-graduação, Akola) pela sua inspiração e apoio. Expresso igualmente a minha gratidão a todos os cientistas e autores citados na literatura citada. Agradeço aos beneficiários, aos Police Patils, aos Sarpanch, aos informadores-chave e a todos os que dispensaram o seu precioso tempo durante a recolha de dados, graças aos quais pude concluir este enorme trabalho. A minha mais profunda gratidão ao meu motivador e apoiante moral, o Sr. Dhanajay Mohod, o Sr. Swapnil Tadas e o Sr. Pankaj Kokate. Estou igualmente grato aos meus colegas Vitthal Thote, Nikhil Laxttiwar, Dipak Wankhede, Akash Chaudhari, Atul Dhudase, Roshan, Ashish, Mahesh, pela sua amável cooperação na realização do meu trabalho de tese. Por último, inclino a minha cabeça perante a natureza omnipotente, cujas bênçãos me deram força para fazer deste trabalho um êxito.

Local: Akola

Data: / / 2018 **(RAUT MANGESH ARUNRAO)**

ÍNDICE DE CONTEÚDOS

Lista de abreviaturas

%	- Per cent
/	- Per
@	- at the rate
APL	- Above Poverty Line
Avg	– Average
BCs	– Backward class
BNP	– Bharat Nirman Programme
BPL	– Below Poverty Line
BPO	– Block Development Officer
CEGC	– Center Employment Guarantee Council
DWCRA	- Development Of Women And Children In Rural Are
Dist.	– District
EAS	- Employment Assuarance Scheme
EGS	– Employment Guarantee Scheme
Edn.	– Education
et al	- et alia (and other)
ext.	– Extension
FCI	– Financial Capital Index
Fig	– Figure
GDP	- Gross Domestic Product
GOI	– Government of India
GP	– Gram Panchayat
ha	– Hectare
i.e.	– Example
IRDP	– Integrated Rural Development Program
JGSY	– Jawahar Gram Samridhi Yojana

MGNREGA	– Mahatma Gandhi National Rural Employment Guarantee Act
NFFWP	– National Food For Work Programme
NGO	– Non Government Organization
NREGA	– National Rural Employment Guarantee Act
NREP	– National Rural Employment Programme
OBC	– Other Backward Class
PHC	– Primary Health Center
REGS	– Rural Employment Guarantee Scheme
RLEGP	– Rural Landless Employment Guarantee Schem
RRC	– Research Review Committee
SCs	– Scheduled Caste
SEGC	– State Employ Guarantee Committee
SGRY	– Swarnjayanti Grameen Rojgar Yojana
SGSY	- Swarnjayanti Gram Swarojgar Yojana
SHGs	–Self Help Group
STs	–Scheduled Tribe
TRYSEM	–Training Of Rural Youth For Self Employment
TV	-Television
Univ.	–University
Unpub.	–Unpublished
Viz.	– Namely

CAPÍTULO I

INTRODUÇÃO

A afirmação de Mahatma Gandhi é válida ainda hoje, uma vez que cerca de 60% da população   do país continua a viver em zonas rurais. Gandhiji deu grande ênfase a uma aldeia autossuficiente, à descentralização dos poderes económicos e políticos e ao desenvolvimento de indústrias artesanais nas aldeias. Gandhiji acreditava no modelo de desenvolvimento do capital humano, que transfere a tónica da formação do capital físico para a formação do capital humano e do desenvolvimento industrial para o desenvolvimento rural, como base para o desenvolvimento global. O modelo de desenvolvimento do capital humano parece mais adequado para um país em desenvolvimento com excesso de mão de obra como a Índia, onde existe uma grande quantidade de recursos humanos subdesenvolvidos, com um elevado potencial de desenvolvimento.

Nos últimos anos, a noção de que os regimes de trabalho público podem criar uma forte rede de segurança social através da redistribuição da riqueza e gerar emprego significativo está a tornar-se cada vez mais popular nos países em desenvolvimento. Para ajudar as populações rurais a quebrar o círculo vicioso da pobreza e a melhorar a qualidade de vida, os governos despenderam enormes quantidades de recursos financeiros e humanos e assumiram a tarefa hercúlea de reconstrução rural sustentável, comprometendo-se com a filosofia da justiça social, do ambiente sustentável e do desenvolvimento socioeconómico nas zonas rurais. Mas um dos principais problemas do processo de desenvolvimento indiano é a sua incapacidade de criar oportunidades de emprego adequadas para a crescente mão de obra rural.

Para superar os problemas do desemprego e da pobreza, os regimes de emprego assalariado têm sido elementos importantes e necessários na política pública de desenvolvimento da nação. Proporcionam transferências de rendimento às famílias pobres durante os períodos em que estas sofrem devido à ausência de oportunidades de emprego. Embora na Índia os actuais regimes de luta contra a pobreza, tanto o trabalho por conta própria como o trabalho por conta de outrem, tenham proporcionado um alívio considerável às famílias pobres. No entanto, a maioria destas famílias continua ainda hoje a ser vulnerável. A redução sustentada da pobreza na Índia continua a ser um objetivo importante. Assim, a fim de resolver os problemas acima referidos e melhorar o emprego e a vida económica e social das pessoas mais pobres que vivem nas zonas rurais, o Governo indiano adoptou uma nova estratégia de desenvolvimento, conhecida como Lei Nacional de Garantia do Emprego Rural, de 2005. Em 2 de outubro de 2009, passou a designar-se Lei Nacional de Garantia do Emprego Rural de Mahatma Gandhi (MGNREGA).

Começando por 200 distritos em 2 de fevereiro de 2006, o NREGA abrangeu todos os distritos da Índia a partir de 1 de abril de 2008. O estatuto é saudado pelo governo como "o maior e mais ambicioso programa de segurança social e de obras públicas do mundo". No seu Relatório sobre o Desenvolvimento Mundial de 2014, o Banco Mundial considerou-o um "exemplo estelar de desenvolvimento rural".

Para além de proporcionar segurança económica e criar bens rurais, o MGNREGA pode ajudar a proteger o ambiente, a dar poder às mulheres rurais, a reduzir a migração rural-urbana e a promover a equidade social, entre outros". A lei prevê muitas salvaguardas para promover a sua gestão e aplicação eficazes. A lei menciona explicitamente os princípios e as agências de execução, a lista de trabalhos autorizados, o modelo de financiamento, o acompanhamento e a avaliação e, sobretudo, as medidas pormenorizadas para garantir a transparência e a responsabilização. Tendo em vista a sensibilização e a propaganda do MGNREGA, é necessário conhecer a atitude dos beneficiários em relação ao MGNREGA. Por isso, foi planeado o presente estudo.

1.1 Informações gerais

Maharashtra foi o primeiro Estado a promulgar uma lei de garantia de emprego na década de 1970. O antigo ministro-chefe de Maharashtra, Vasantrao Naik, lançou o revolucionário regime de garantia de emprego rural, que se revelou uma bênção para milhões de agricultores devastados por duas fomes ferozes. A Comissão de Planeamento aprovou posteriormente o regime, que foi adotado à escala nacional. As medidas de auxílio empreendidas pelo Governo de Maharashtra incluíam emprego, programas destinados a criar activos produtivos, tais como a plantação de árvores, a conservação dos solos, a escavação de canais e a construção de massas de água artificiais.

O Programa Nacional de Emprego Rural (NREP) e o Programa de Garantia de Emprego para os Trabalhadores Rurais Sem Terra (RLEGP) foram lançados nos VI e VII planos quinquenais. Segue-se um breve historial do programa de emprego após a década de 70

❖ Em 1980, o governo lançou o Programa Nacional de Emprego Rural (NREP) para utilizar os trabalhadores desempregados e subempregados na construção de bens comunitários.

❖ Em 1983, foi lançado o Programa de Garantia de Emprego para os Trabalhadores Rurais Sem Terra (RLEGP), com o objetivo de proporcionar 100 dias de emprego garantido a um membro de cada família rural sem terra, combinando o NREP e o RLEP. O programa tinha por objetivo aliviar a pobreza através da criação de oportunidades de emprego suplementares para as populações rurais pobres durante o período de recessão agrícola.

❖ Em 1989, foi lançado o Jawahar Rojagar Yojana (JRY), através da fusão do NREP e do RLEGP.

❖ Em 1993, foi lançado o regime de garantia de emprego (EAS) para proporcionar emprego durante a época de escassez agrícola. O principal objetivo do EAS era a criação de oportunidades adicionais de emprego assalariado durante o período de escassez aguda de emprego assalariado através do trabalho manual para as populações rurais pobres que vivem abaixo do limiar de pobreza.

❖ O Jawahar Gram Samridhi Yojana (JGSY), lançado em 1999, destinava-se ao desenvolvimento de infra-estruturas comunitárias de aldeia orientadas para a procura, incluindo bens duradouros a nível da aldeia e competências que permitissem às populações rurais pobres aumentar as oportunidades de emprego sustentável

❖ Em 2001, o Sampoorna Gramin Rozgar Yojana (SGSY) fundiu o EAS e o JGSY. O programa tinha por objetivo dar preferência ao emprego assalariado aos assalariados agrícolas, aos assalariados não-agrícolas não qualificados, aos agricultores marginais, às mulheres e aos membros das comunidades SC/ST, aos pais de crianças retiradas de ocupações perigosas e aos pais de crianças deficientes ou de adultos com pais deficientes. O programa foi executado através da instituição Panchayat Raj.

❖ Em 2004, foi lançado o programa "Alimento para o trabalho" (NFFWP), com o objetivo de gerar emprego assalariado suplementar adicional e criar activos. Visava igualmente assegurar um nível mínimo de emprego e de rendimento aos pobres, dar-lhes a oportunidade de desenvolver a sua força colectiva e melhorar a sua posição económica.

❖ Em 2006, foi lançado o Regime Nacional de Garantia do Emprego Rural (NREGS), com o objetivo de proporcionar 100 dias de emprego garantido a um membro de cada agregado familiar rural e criar bens comunitários.

Embora estes programas fossem bem intencionados, houve uma série de razões pelas quais os programas anteriores não corresponderam às expectativas.

Em JRY, pela primeira vez, os fundos para a execução do programa foram pagos diretamente à instituição da aldeia/Gram Panchayat. Estes eram responsáveis pelo planeamento da criação de oportunidades de emprego e pela supervisão da execução. Alguns anos após o seu início, a indiferença política e o fluxo irregular de fundos limitaram a eficácia da execução a nível das bases, o que teve um impacto limitado na criação de emprego rural. Porém, em 1993, quando o EAS foi introduzido, seguiu-se a tendência de desembolso centralizado dos fundos, ignorando a essência da abordagem ascendente no planeamento e na execução do programa de emprego rural. Consequentemente, o EAS apresentou limitações no que respeita à expansão das oportunidades de subsistência rural.

Em 2002, o JRY e o EAS foram fundidos no Sompoorna Grameen Rojagar Yojana (SGRY). Dois anos mais tarde, em 2004, foi lançado o Programa Nacional de Alimentação para o Trabalho (NFFWP), centrado exclusivamente nos 150 distritos mais atrasados identificados. A análise das diferentes estratégias e programas adoptados periodicamente para a criação de emprego rural revela que a maior parte dos regimes não conseguiu produzir o impacto desejado no crescimento do emprego rural, devido a vários factores, nomeadamente

a) Falta de planeamento com base nas necessidades

b) Falta de participação ativa de várias partes interessadas no planeamento e

   processo de implementação

c) Fluxo irregular de fundos

d) Falta de vontade política e

e) Controlo irregular

Os programas lançados pelo governo de tempos a tempos proporcionaram alívio à população rural, mas nunca garantiram emprego a todas as famílias da aldeia. Eram apenas programas baseados em atribuições. Uma caraterística típica destes regimes era o facto de nenhum dos empregos ser de natureza permanente; eram todos empregos ocasionais de curta duração, geralmente por um período de cem dias ou mais. As oportunidades de emprego criadas por estes regimes e programas funcionavam apenas como um suplemento ao rendimento das famílias rurais e, na maioria dos casos, não conseguiam assegurar de forma sustentável as condições básicas de vida de uma família rural. Tendo em conta as limitações dos anteriores regimes de emprego rural, o Governo da Índia criou uma história ao promulgar a Lei Nacional de Garantia do Emprego Rural (NREGA), que é talvez o maior programa de criação de emprego do mundo, garantindo o direito ao trabalho num país com uma população de mais de mil milhões de habitantes. Em 2-10-2009, a NREGA foi rebaptizada como "Lei Nacional de Garantia do Emprego Rural de Mahatma Gandhi" (MGNREGA). O principal objetivo desta lei é aumentar o poder de compra da população rural.

1.2 Lei Nacional de Garantia do Emprego Rural de Mahatma Gandhi (MGNREGA)

A Lei Nacional de Garantia do Emprego Rural foi notificada a 7 de setembro de 2005 e entrou em vigor a 2 de fevereiro de 2006. Esta lei foi rebaptizada como Lei Nacional de Garantia do Emprego Rural de Mahatma Gandhi (MGNREGA) a 2 de outubro de 2009. A MGNREGA é a primeira lei do mundo que garante o emprego assalariado a uma escala sem precedentes. O objetivo do MGNREGA era aumentar a segurança dos meios de subsistência das pessoas nas zonas rurais, garantindo 100 dias de trabalho assalariado num ano financeiro a um agregado familiar rural cujos membros se voluntariassem para fazer trabalho manual não qualificado. O MGNREGA é uma lei nacional financiada em grande parte pelo Governo Central e aplicada em todos os estados do país, criando uma plataforma justificável de "direito ao trabalho" para todos os agregados familiares nas zonas rurais da Índia. De acordo com a lei, o emprego deve ser fornecido pelo governo local quando o trabalho é solicitado por qualquer trabalhador ou grupo de trabalhadores registados no MGNREGA. Mulheres e homens recebem um salário igual, que é o salário mínimo legal notificado pelo governo estadual. O MGNREGA também promete muito do ponto de vista da capacitação das mulheres. O programa compromete-se igualmente a assegurar que pelo menos 33% dos trabalhadores sejam mulheres. Deverá ser disponibilizada uma creche se houver mais de cinco crianças com menos de seis anos de idade e o pagamento ao responsável pela creche não será incluído como componente da medição do trabalho. O MGNREGA pode desempenhar um papel substancial na capacitação económica das mulheres e lançar as bases para uma maior independência e autoestima.

Algumas das principais caraterísticas do MGNREGA em relação aos seus antecessores são as seguintes

1. Ao contrário dos seus antecessores, que tiveram o seu início em ordens executivas,

   O MGNREGA é uma lei do parlamento e, por conseguinte, tem tanto superioridade jurídica como aprovação constitucional.

2. É irrevogável e só pode ser revogado por outra lei do Parlamento.

3. Não se trata apenas de um programa de emprego baseado no trabalho, mas também de um meio de integrar a agenda que visa proporcionar um mínimo de segurança de subsistência às famílias rurais e outros objectivos de desenvolvimento.

4. A lei tem como objetivo fundamental a aquisição de direitos e prevê disposições em matéria de salários mínimos, instalações adequadas no local de trabalho e garante uma participação adequada das mulheres (pelo menos um terço da mão de obra).

5. É uma experiência inédita de planeamento, implementação e monitorização parcialmente descentralizados do programa através das Instituições Panchayati Raj (PRIs) em todos os estados.

Outras caraterísticas fundamentais do MGNREGA que lhe conferem um carácter distintivo são as seguintes

1. Pelo menos 100 dias de emprego com um salário mínimo, garantindo assim um mínimo de segurança de subsistência para as famílias rurais pobres, proporcionando-lhes assim uma vida digna.

2. Uma estratégia de emprego orientada para a procura que permite a auto-seleção dos participantes.

3. Despesas de desemprego para o requerente em caso de incapacidade do organismo estatal de proporcionar um emprego adequado, ajudando assim a manter os funcionários públicos atentos à criação de emprego remunerado.

4. A disponibilização de fundos para o MGNREGA é uma obrigação legal e não está sujeita a dotações orçamentais, garantindo assim que a subsistência dos pobres não está dependente das dotações orçamentais.

5. 60% do custo do projeto será gasto em salários de mão de obra não qualificada e 40% em salários de mão de obra semi-qualificada, mão de obra qualificada e custos de material. 6. Financiamento central de 100% dos custos salariais da mão de obra não qualificada e 75% dos salários da mão de obra semi-qualificada, da mão de obra qualificada e dos custos de material. O Estado assegura o pagamento dos salários de desemprego.

6. Um conjunto de fundos não passível de ser transferido para anos fiscais subsequentes, ao contrário das dotações orçamentais.

7. Uma ênfase nos trabalhos de conservação e recolha de água, que é uma área importante de preocupação nas zonas rurais.

8. Um mecanismo de implementação descentralizado através dos PRIs.

9. Auditoria social para garantir a transparência e a responsabilização.

10. Quatro tipos de direitos dos trabalhadores: água potável, abrigo, primeiros socorros e creche para os filhos (com menos de 6 anos) das trabalhadoras.

11. Na medida do possível, não há contratos nem utilização de máquinas.

O MGNREGA é o maior regime de emprego rural jamais empreendido na Índia, proporcionando emprego remunerado garantido, reforçando as oportunidades de subsistência e a regeneração dos recursos naturais para as populações rurais pobres do país. O regime é uma das novas iniciativas da Índia no domínio da política social desde a independência. Trata-se de um regime democrático descentralizado de emprego assalariado com o objetivo de reduzir a pobreza durante a época de escassez, que pode desempenhar um papel significativo na promoção das mudanças sociais desejadas e na reconstrução nacional, especialmente nas zonas rurais da Índia. O programa foi implementado no âmbito de uma estratégia global que visa o crescimento global e as mudanças esperadas nas zonas rurais. O programa tenta mudar a face da sociedade rural no que diz respeito ao cenário social, económico e político, oferecendo oportunidades de emprego garantidas a todos os adultos que estejam dispostos a fazer trabalho manual não qualificado.

Trata-se de uma estratégia de intervenção significativa que visa satisfazer os direitos humanos mais importantes, ou seja, o direito ao emprego, pelo menos para um membro de uma família, e tocar diretamente a vida dos pobres, promover o crescimento inclusivo, tornar as aldeias auto-sustentáveis através da criação de activos produtivos e reforçar a democracia de base com uma natureza transparente através do gram sabha, da auditoria social e do planeamento participativo através de uma abordagem de gotejamento.

1.2.1 Objetivo do regime

O principal objetivo da lei é proporcionar um nível mínimo de segurança às famílias rurais, proporcionando-lhes o direito ao trabalho a pedido, ou seja, pelo menos 100 dias de trabalho não qualificado. O documento do MGNREGA (2005) define o objetivo principal da lei como

"Uma lei que prevê a melhoria dos meios de subsistência
segurança dos agregados familiares nas zonas rurais do país
assegurando, pelo menos, cem dias de garantia
emprego assalariado em cada exercício financeiro para cada
família cujos membros adultos se oferecem para fazer
trabalhos manuais não qualificados e para questões relacionadas com
com ela ou a ela associados".

Fonte: (documento NREGA Gazette)

O mandato da lei visa reforçar a segurança dos meios de subsistência dos agregados familiares nas zonas rurais do país, proporcionando pelo menos 100 dias de emprego remunerado garantido num ano financeiro a todos os agregados familiares rurais cujos membros adultos se ofereçam para realizar trabalhos manuais não qualificados.

A lei foi aplicada no terreno em 2 de fevereiro de 2006, quando 200 distritos selecionados mais atrasados (incluindo o distrito de Wardha) do país foram incluídos na fase I do exercício financeiro de 2006-2007. Atualmente, o regime abrange todo o país, ou seja, 34 Estados e Territórios da União, 685 distritos, 6096 blocos e 2,65 lakhs Gram Panchayat, com exceção dos distritos com uma população totalmente urbana.

1.2.2 Disposições legais

O MGNREGA é uma lei nacional financiada em grande escala pelo governo central que garante o emprego assalariado e é implementada em todos os estados, o que é único, uma vez que é orientado para a comunidade, da base para o topo, centrado nas pessoas, auto-selecionado, baseado nos direitos e orientado para a procura, que tem uma disposição para o direito legal e cria um "direito ao trabalho" justificável para todas as famílias elegíveis nas zonas rurais.

A lei prevê o direito legal ao emprego para os membros adultos dos agregados familiares rurais. Trata-se de uma das legislações mais progressistas adoptadas pela Índia com vista à segurança dos meios de subsistência das pessoas, com uma garantia legal de emprego assalariado nas zonas rurais.

1.2.3 Taxa salarial

O Governo da Índia reviu as taxas salariais do MGNREGA com efeitos a partir de 31 de março de 2015. De acordo com a revisão, o salário máximo de 251 rúpias e o salário mínimo de 159 rúpias foram fixados por Maharashtra.

1.2.4 Trabalhos admissíveis

As diferentes categorias de obras permitidas são as seguintes

➢ Conservação e recolha de água.

➢ Conectividade rural.

➢ Proteção contra a seca (incluindo a plantação e a florestação).

➢ Irrigação de canais, incluindo micro e pequenas obras de irrigação.

➢ Obras de controlo e proteção contra as inundações.

➢ Pequena irrigação, horticultura e ordenamento do território nas terras das SC/ST/-

   BPL/IAY e beneficiários da reforma agrária.

➢ Renovação de massas de água tradicionais, incluindo a dessalinização de tanques.

➢ Desenvolvimento de terrenos.

1.2.5 Importância do ato

Nesta lei, qualquer membro adulto de um agregado familiar rural que esteja disposto a realizar trabalhos manuais não qualificados pode solicitar o registo no âmbito do regime. As instituições Panchayat Raj (PRI) desempenham um papel principal no planeamento e na execução. O trabalho deve ser prestado, em princípio, num raio de 5 km da aldeia. Serão pagos salários iguais a homens e mulheres; não são permitidos empreiteiros e máquinas para trabalhar. Pelo menos um terço (ou seja, 33%) dos beneficiários devem ser mulheres que se tenham registado no âmbito do regime e todas as contas e registos relativos ao regime devem estar disponíveis para consulta pública.

O programa do regime ofereceu múltiplas oportunidades e prosperidade às massas rurais pobres da Índia. A lei garante o trabalho com salários mínimos aos beneficiários, aumenta a segurança dos meios de subsistência, reduz a migração rural-urbana e os aspectos da segurança alimentar, por um lado, e reduz a vulnerabilidade múltipla entre os grupos marginalizados através da utilização adequada do capital humano, capacitando os pobres e as mulheres das zonas rurais, promovendo a igualdade social e reforçando a mobilização da comunidade, por outro lado. Ao dar prioridade à criação de activos duradouros, pode também melhorar o desenvolvimento sustentável da economia baseada na agricultura.

Sendo o maior programa de criação de emprego enraizado numa lei que garante o direito ao trabalho para aqueles que estão dispostos a trabalhar, o MGNREGS deverá desempenhar um papel importante na redução do desemprego e do subemprego, proporcionando segurança de subsistência. Seria interessante estudar se este novo programa de emprego assalariado conseguiu cumprir o seu objetivo e ultrapassar os inconvenientes dos programas anteriores. Por conseguinte, o presente estudo foi concebido com os seguintes objectivos específicos

1. Estudar o perfil dos beneficiários.

2. Estudar a atitude dos beneficiários em relação ao MGNREGA.

3. Estudar a relação entre as caraterísticas selecionadas dos beneficiários e a sua atitude.

4. Estudar os condicionalismos enfrentados pelos beneficiários e obter as suas sugestões para uma melhor aplicação do regime.

1.1.6 Âmbito e importância do estudo

O presente estudo centrou-se na atitude e nos condicionalismos enfrentados pelos beneficiários do MGNREGA e, em algum momento, a investigação prestou consultoria aos beneficiários. O presente estudo foi realizado no distrito de Wardha, na região central de Vidharbha. Os dois panchyat, nomeadamente Wardha e Hinghanghat, são uma zona pobre em rabinos, sem emprego nas explorações agrícolas e nas zonas rurais. A área é mais suscetível de ser abrangida pelo MGNREGA, uma vez que, em comparação com outros blocos do distrito, os titulares de carteiras de trabalho são em maior número. Os resultados do estudo devem ser úteis para estudar o comportamento dos beneficiários. O resultado do estudo também é útil para os extensionistas, decisores políticos, etc., para uma melhor implementação e consecução dos objectivos do regime.

1.1.7. Limitações do estudo

1. O presente estudo é uma investigação realizada por um único estudante, pelo que o estudo foi efectuado num único distrito, ou seja, Wardha do Estado de Maharashtra.

2. O estudo foi efectuado num período limitado de tempo, de financiamento e de outros recursos.

3. As conclusões do estudo basearam-se nas expressões verbais dos inquiridos. Por conseguinte, as conclusões foram condicionadas pelo grau de fiabilidade e validade das informações fornecidas pelas pessoas selecionadas para efeitos de investigação.

4. Dada a inexistência de investigações anteriores nesta área de investigação, existe uma escassez de literatura relacionada com o estudo.

1.1.8 Hipótese

Tendo em conta as conclusões de vários estudos de investigação anteriores, a natureza presumida da relação entre as variáveis foi elaborada e foram formuladas as seguintes hipóteses de investigação sobre vários aspectos do estudo, de acordo com os objectivos do estudo. A hipótese formulada foi apresentada sob a forma nula (H_0), como se segue.

1. O MGNREGA é uma fonte de rendimento benéfica para as famílias pobres durante o período de escassez. Por isso, é importante na zona de estudo.

2. Durante a implementação do MGNREGA, a produção agrícola, o emprego, o rendimento anual, os bens materiais, o estatuto socioeconómico e as poupanças dos beneficiários aumentam.

3. Após a implementação do MGNREGA na zona rural, a migração da população rural da aldeia para outra zona diminuiu.

4. A maioria dos beneficiários do MGNREGA tinha um nível médio de capacitação e aumentou a sua capacidade de tomada de decisões.

H_0 = Não existe qualquer relação significativa entre o perfil dos beneficiários e a sua atitude.

1.1.9 Apresentação da tese

O presente estudo é apresentado em oito capítulos, a saber

O capítulo I: "INTRODUÇÃO" apresenta uma breve descrição da necessidade e da importância do estudo, dos objectivos específicos, do âmbito e das limitações do estudo.

Capítulo II: 'REVISÃO DA LITERATURA', O segundo capítulo, nomeadamente a Revisão da Literatura, inclui a revisão da literatura relevante e as conclusões de vários estudos de investigação anteriores realizados em diferentes locais sobre os mesmos tópicos ou tópicos semelhantes, o modelo concetual da investigação e a hipótese de estudo.

Capítulo III: Dedicado à descrição do "MATERIAL E MÉTODOS" Os métodos, técnicas e instrumentos de investigação utilizados e o procedimento seguido no presente inquérito foram apresentados no terceiro capítulo como Metodologia.

Capítulo IV: trata dos "RESULTADOS e DISCUSSÕES" do estudo. O quarto capítulo é dedicado aos resultados do presente estudo e à discussão pertinente.

Capítulo V: SÍNTESE E CONCLUSÕES" do estudo.
O quinto capítulo inclui um breve resumo da investigação investigação

Capítulo VI: As implicações emergiram dos resultados da presente investigação,

Capítulo VII: LITERATURA CITADA, apêndices e vita no final.

CAPÍTULO II

REVISÃO DA LITERATURA

Uma literatura abrangente tornou-se uma parte essencial de qualquer investigação, uma vez que não só dá uma ideia sobre o trabalho realizado no passado como ajuda a identificar as lacunas nos resultados da investigação. A revisão da literatura leva o investigador a concluir as suas conclusões com referência a estudos anteriores. É também necessária para o desenvolvimento do quadro concetual e para a seleção da conceção adequada para o estudo.

Verificou-se que existem muito poucos estudos sobre a MGNREGA. Por conseguinte, não existia muita literatura pertinente para o MGNREGA. Por conseguinte, os estudos relacionados com outros programas de desenvolvimento rural são igualmente analisados e apresentados, abrangendo todos os aspectos do inquérito de forma exaustiva.

- Estudar o perfil dos beneficiários.

- Estudar a atitude dos beneficiários em relação ao MGNREGA.

- Estudar a relação entre as caraterísticas selecionadas dos beneficiários e a sua atitude.

- Estudar os condicionalismos enfrentados pelos beneficiários e obter as suas sugestões para uma melhor aplicação do regime.

- **Perfil dos beneficiários do MGNREGA.**

Os participantes e beneficiários de vários programas de desenvolvimento rural apresentam caraterísticas sociopessoais diferentes. Alguns estudos relacionados com as caraterísticas sociopessoais foram apresentados no presente documento. Os estudos aqui citados referem-se a programas de desenvolvimento em geral e a programas de emprego assalariado.

1. IDADE

Sankari e Murgan (2009) estudaram o impacto do NREGA no sindicato Udangudi Panchyat de Tamil Nadu e referiram que 40% dos beneficiários pertenciam ao grupo etário dos 26 aos 35 anos.

Kumar A. e Dipak De (2010), no seu estudo sobre a avaliação do impacto do MGNREGA na migração rural, referiram que a maioria dos beneficiários do regime inquiridos em Tamil Nadu se situava no grupo etário dos 36-65 anos, ou seja, 58%, e os restantes 42% dos beneficiários situavam-se no grupo etário dos 18-35 anos.

Roy et al. (2013), no seu estudo sobre o impacto do programa MGNREGA no Estado de Tripura, observou que metade (50,00%) dos beneficiários se encontrava na categoria de meia-idade, seguida das categorias de idade avançada (35,83%) e de idade jovem (14,17%).

Guha e Mazumder (2015) mostram que a maioria dos inquiridos tinha menos de 36 a 50 anos (58%), seguindo-se os 18 a 35 anos (24%) e os mais de 50 anos (18%).

Bhati, *et al.*, (2016) Attitude of beneficiaries towards Mahatma Gandhi National Rural Employment Guarantee Act Programme (Atitude dos beneficiários em relação ao programa da Lei Mahatma Gandhi sobre a garantia do emprego rural nacional) revelou que a maioria dos beneficiários era do grupo etário jovem ao grupo etário médio (90,00 por cento).

Observou-se que a maioria dos beneficiários dos programas de desenvolvimento rural se encontrava na faixa etária média.

2. EDUCAÇÃO

Pankaj e tankha (2010) mostram que dois terços eram analfabetos e um quarto tinha apenas literacia funcional.

Argade (2010) revelou que a maioria (64,44%) dos beneficiários do NREGS era analfabeta, seguida das categorias de ensino secundário (27,78%), ensino primário (05,56%), ensino intermédio (2,22%) e licenciatura (00,00%).

Sarkar et al. (2011) referiram que mais de um terço (36,00 por cento) dos inquiridos tinha até ao ensino primário, seguido de 26,00 por cento que tinha até ao ensino secundário. Além disso, 24,00 por cento eram analfabetos, enquanto 11,00 por cento tinham até ao ensino secundário superior. Apenas 2,00 por cento tinham mais do que o nível secundário superior de educação.

Thadathil e Mohandas (2012) observaram que a maioria deles tinha estudado até ao ensino secundário (40,50%), seguido do ensino médio (25,00%) e do ensino primário (20,50%). Cerca de 5,50% dos trabalhadores tinham também estudado até ao nível secundário superior.

Shubhangi parshuramkar (2013), num estudo sobre o impacto do MGNREGA nos meios de subsistência rurais de Eastern Vidharbha, concluiu que a maioria dos beneficiários (29,38%) tinha habilitações literárias até ao ensino secundário, seguidos de 21,87% com habilitações de nível universitário.

Guha e Mazumder (2015) Os resultados mostram que a maioria dos inquiridos tinha estudado até ao nível primário (36%), seguindo-se os que apenas sabiam ler e escrever (28%). Apenas 2% dos inquiridos da área de estudo possuíam um diploma universitário.

Assim, a análise indicou que a maioria dos beneficiários dos programas de desenvolvimento rural eram alfabetizados.

3. CASTELO

Kumar (2010) afirma que o MGNREGA está a produzir melhores resultados em comparação com os anteriores programas de erradicação da pobreza, até agora (11 de julho de 2010) criou 90,15 dias de trabalho (dia de trabalho significa o trabalho médio realizado por um trabalhador por dia) 80%-90% das famílias rurais foram economicamente beneficiadas por esta lei. Deste total, 29,4% das SC e 24,1% das ST foram beneficiadas. O objetivo desta lei é criar emprego para 1/3 (33%) das mulheres do país. Este objetivo foi ultrapassado e aproxima-se dos 50%.

Usha rani et al. (2011) efectuaram um estudo sobre o impacto do MGNREGA no emprego rural e na migração. Um estudo efectuado num distrito de Haryana, com agricultura atrasada e agricultura avançada. Verificou que a maioria dos beneficiários pertencia às categorias SC (48,33%) e OBC (26,67%).

Shubhangi parshuramkar (2013), num estudo sobre o impacto do MGNREGA nos meios de subsistência rurais de Eastern vidharbha, concluiu que a maioria dos beneficiários (35,32%) pertencia à categoria OBC, seguida de 19,06% de ST e 12,81% de SC.

Bhati, *et al.*,(2016) Attitude of beneficiaries towards Mahatma Gandhi National Rural Employment Guarantee Act Programme. Revelou que o analfabetismo até ao nível secundário de ensino (65%).

Annu Devi Gora (2016) A Study on Job Satisfaction and Problems Perceived by the Women Workers of MGNREGA in Jaipur District of Rajasthan o estudo mostra que a maioria das mulheres, (41,67%) eram da casta registada.

Pakhmode P.S. (2017) Attitude of rural youth towards farming as a major occupation: 56,67% dos inquiridos pertenciam a outras categorias atrasadas (OBC/SBC), seguidos de 41,67% pertencentes a castas atrasadas, ou seja, SC/ST/VJ/NT. Os restantes 1,66% dos inquiridos pertenciam à casta geral (aberta).

Assim, a maioria dos beneficiários dos programas de desenvolvimento rural, como o IRDP, o MGNREGA e outros regimes, pertencia às categorias SC/ST e OBC.

4. TAMANHO DA FAMÍLIA

Swaroopa rani (2000) afirmou que a maioria (51,67%) dos beneficiários de JRY tinha uma família de dimensão média, seguida de uma família de dimensão grande (26,67%), pequena (18,33%) e muito grande (03,33%).

Biradar (2008) mostra que a maioria (60,83%) dos beneficiários pertencia a famílias pequenas (5 ou menos membros) e os restantes 39,17% pertenciam a famílias grandes (mais de 5 membros).

Vinay kumar 2009 indicou que a maioria (48,33%) dos beneficiários do DWCRA tinha uma família de dimensão média, seguida de uma família pequena (38,33%) e de uma família grande (13,34%).

Bhosale (2010) afirmou que a maioria dos beneficiários, 71,67%, tinha famílias numerosas e os restantes 28,33% pertenciam a famílias de pequena e média dimensão.

Shubhangi parshuramkar (2013), num estudo sobre o impacto do MGNREGA nos meios de subsistência rurais de Eastern Vidharbha, concluiu que dois terços dos 68,32% dos beneficiários pertenciam a famílias de dimensão média e um quarto dos 25,32% dos beneficiários declararam ter famílias pequenas, ou seja, até 3 membros. Assim, a maioria dos beneficiários do MGNREGA pertencia a famílias de dimensão média.

Roy et al. (2012) relataram que quase três quintos (58,00 por cento) dos beneficiários do MGNREGA pertenciam a famílias pequenas (até 5 membros), enquanto 42,00 por cento deles pertenciam a famílias grandes (mais de 5 membros).

Assim, a análise indicou que a maioria dos beneficiários dos programas de desenvolvimento rural pertence a famílias de pequena e média dimensão.

5. TIPO DE FAMÍLIA

Bhagat (2005) referiu que pouco mais de três quartos (78,67%) dos inquiridos pertenciam a uma família conjunta e 23,33% pertenciam a uma família nuclear.

Pandit et al. (2005) concluíram que a maioria (68,75%) dos inquiridos tinha um tipo de família nuclear, enquanto os restantes 31,25% tinham um tipo de família conjunta.

Bishnoi et al. (2012) observaram que a maioria (56%) dos beneficiários do MNREGA pertencia a uma família nuclear, enquanto 44% pertenciam a uma família conjunta.

Badodiya et al. (2012) concluíram que a maioria (69,33%) dos inquiridos tinha um tipo de família nuclear e 30,67% tinham um tipo de família conjunta.

Shubhangi parshuramkar (2013), num estudo sobre o impacto do MGNREGA nos meios de subsistência rurais de Eastern vidharbha, concluiu que metade (59,60%) dos beneficiários pertenciam a famílias nucleares, seguidos de 40,94% de beneficiários de famílias conjuntas.

Prabeena kumar (2013), no seu estudo sobre o impacto do MGNREGA na vida das populações tribais do bloco de Rayagada, no distrito de Gajapati, observou que 8% dos inquiridos pertenciam a uma família conjunta e os restantes pertenciam a uma família nuclear.

Assim, a análise indicou que a maioria dos beneficiários dos programas de desenvolvimento rural eram famílias de tipo nuclear.

6. OCUPAÇÃO

Anónimo (2010) referiu que 97,00% dos beneficiários têm outra ocupação que não o trabalho no âmbito do NREGS. Um quarto (25,00%) tem como ocupação o trabalho agrícola e a grande maioria (72,00) trabalha como diarista.

Argade (2010) indicou que a maioria (38,89%) dos beneficiários do NREGS tinha uma ocupação agrícola, seguida de trabalhadores sem terra.

Sarkar et, al. (2011) revelaram que o trabalho agrícola era a principal ocupação (54,00%), seguido da agricultura (37,00%) entre os titulares de cartões de emprego MGNREGA activos, outras ocupações predominantes para os beneficiários eram a criação de animais, actividades de grupos de autoajuda (SHG), etc. O ponto importante a notar é que, para todos os beneficiários, o MGNREGA era apenas uma ocupação subsidiária.

Shubhangi parshuramkar (2013), num estudo sobre o impacto do MGNREGA nos meios de subsistência rurais de Eastern vidharbha, concluiu que 57,19% dos beneficiários se dedicavam à agricultura e ao trabalho por conta de outrem como apoio à atividade agrícola, seguidos de 41,57% que trabalhavam como mão de obra por conta de outrem no MGNREGA e noutros campos agrícolas.

Sudha Narayanan et al.(2014) MGNREGA Works And Their Impacts A Rapid Assessment in Maharashtra. mais de 75% deles estão direta ou indiretamente relacionados com a agricultura. O estudo conclui também que 92% dos utilizadores selecionados aleatoriamente afirmam que a sua principal ocupação é a agricultura;

Bhati, *et al.*,(2016) Attitude of beneficiaries towards Mahatma Gandhi National Rural Employment Guarantee Act Programme. Revelou que mais de metade (51,00%) dos beneficiários tinha uma atitude moderadamente favorável em relação à agricultura como ocupação.

A maioria dos beneficiários dos programas de desenvolvimento rural eram trabalhadores + beneficiários do MGNREGA, agricultores, etc.

7. PROPRIEDADE DE TERRAS

O estudo de Pankaj e Tankha (2010) revelou que um terço dos agregados familiares não tinha terra e 93,00% dos que tinham terra eram apenas proprietários marginais.

Kyatanagoudar (2011) revelou que quase três quartos dos beneficiários não tinham terra (73,00 por cento), seguidos de 25,90 por cento que tinham terras até 2,5 acres. Apenas 1,10% tinham entre 2,51 e 5 acres de terra.

Shubhangi parshuramkar (2013), num estudo sobre o impacto do MGNREGA nos meios de subsistência rurais de Eastern vidharbha, concluiu que 48,13% dos beneficiários do MGNREGA eram agricultores marginais com terras até 1,00 hectare, seguidos de 41,87% de beneficiários sem terra.

Sudha Narayanan et al. (2014) MGNREGA Works and Their Impacts A Rapid Assessment in Maharashtra. Metade deles são pequenos agricultores e agricultores marginais, que possuem menos de 1,6 hectares de terra.

Sheela kharkwal, Anil Kumar (2015). Revelaram que os beneficiários eram agricultores sem terra (35,00) ou marginais, sendo que a maioria (41,25) tinha uma dimensão inferior a 0,33 acres. A dimensão média global das explorações agrícolas dos beneficiários era de 0,34 acres.

Bhati, et al.,(2016) Attitude of beneficiaries towards Mahatma Gandhi National Rural Employment Guarantee Act Programme. Revelou que a maioria dos beneficiários era membro de uma ou mais organizações sociais (70,00 por cento), tinha um rendimento anual de 48 001 a 1 02 000 euros (86,00 por cento) e não possuía terra ou possuía uma dimensão marginal (93,00 por cento).

A análise indicou que os beneficiários eram maioritariamente trabalhadores sem terra e agricultores marginais

8. RENDIMENTO ANUAL

Bennerjee (2009), num estudo sobre a NREGA em Andaman e Nicobar, referiu que a NREGA é uma das maiores experiências realizadas na Índia para erradicar a pobreza rural. As famílias pobres foram selecionadas para beneficiarem de emprego e de meios de subsistência para complementar o seu rendimento familiar.

Ramesh e Krishna Kumar (2009), no seu estudo sobre a NREGA no distrito de Karimnanagar, em Andhra Pradesh, indicaram que o rendimento mensal médio do beneficiário, 2100 rupias, aumentou.

Sankari e Murgan (2009) estudaram o impacto do NREGA em Udangudi Panchayat Union, Tamil Nadu. Segundo estes autores, dos 80 inquiridos, nove pertenciam ao grupo de rendimentos até 15 000 (11,25%), 35 agregados familiares tinham rendimentos entre 15 000 e 30 000 rupias (43,75%), 25 pertenciam ao grupo de rendimentos entre 30 000 e 45 000 rupias (31,25%) e apenas 11 tinham rendimentos entre 45 000 e 60 000 rupias (13,75%), respetivamente.

Vinay Kumar (2009) revelou que a maioria (50,00%) dos beneficiários do DWCRA tinha um nível de rendimento baixo, seguido de níveis de rendimento elevado (29,17%) e médio (20,83%).

Parhad (2010), num estudo sobre o impacto do regime da Lei Nacional de Garantia do Emprego Rural de Mahatma Gandhi nos beneficiários, referiu que 6833% dos inquiridos pertenciam a um grupo de rendimento médio, seguido de um grupo de rendimento elevado (17,50%) e baixo (14,17%).

Shubhangi parshuramkar (2013), num estudo sobre o impacto do MGNREGA nos meios de subsistência rurais de Eastern vidharbha, concluiu que a maioria dos beneficiários (80,63%) tinha um nível inferior de rendimento familiar anual. Por outro lado, 17,50 por cento indicaram um nível médio de rendimento familiar.

Prasad B. (2017) O estudo concluiu que o programa MGNREGA tem um impacto positivo nos dias de emprego rural, no rendimento, nos salários e no poder de negociação da mão de obra rural.

Assim, pode concluir-se que os beneficiários do IRDP. JRY e MGNREGA pertenciam ao grupo de rendimento médio.

9. PARTICIPAÇÃO SOCIAL

Anitha (2004) observou que (17,50) por cento dos inquiridos tinham uma participação elevada na extensão, (44,20) por cento tinham uma participação média e (38,30) por cento tinham uma participação baixa na extensão.

Argade (2010) revelou que a grande maioria (83,33) dos beneficiários do NREGS tinha uma participação sociopolítica média, seguida de uma participação sociopolítica baixa (8,89%) e alta (7,78%).

Parhad (2010), num estudo sobre o impacto da lei Mahatma Gandhi National Rural Employment Guarantee Act nos beneficiários, referiu que 76,66% dos inquiridos tinham uma participação social baixa, seguida de uma participação social média e alta (11,67) e baixa (00,83%).

Ahuja et al. (2011) concluíram que os agricultores que possuem grandes propriedades e um maior número de animais não estão muito interessados em participar nas obras do MGNREGA, uma vez que estão ocupados com as suas próprias actividades. Os agricultores que possuem pequenas terras e recursos pecuários estão mais inclinados a trabalhar no MGNREGA e a sua participação também é maior. Assim, o MGNREGA está a proporcionar segurança de subsistência às populações rurais pobres em recursos.

Shubhangi parshuramkar (2013), num estudo sobre o impacto do MGNREGA nos meios de subsistência rurais de Eastern vidharbha, concluiu que três quartos dos beneficiários (73,13) por cento não tinham qualquer participação social e um quarto dos beneficiários (25,31) por cento tinha um baixo nível de participação social.

Guha e Mazumder (2015) Os dados mostram que (64,00) por cento dos inquiridos eram membros de uma organização e (18,00) por cento eram titulares de cargos numa organização (18,00%). A maioria dos inquiridos (76,00%) participava ocasionalmente e 20,00% regularmente em diferentes programas sociais.

Assim, pode concluir-se que os beneficiários do IRDP. JRY e MGNREGA têm um nível baixo a médio de participação social.

10. CONTACTO DE EXTENSÃO

Gajre (1997) observou que a maioria dos inquiridos (93,75%) pensava que o funcionário da extensão agrícola era a fonte de informação mais credível. As fontes de informação mais importantes utilizadas pelos inquiridos são o Gram Sevak e os Agricultores Progressistas, com 90,62% cada.

Kalakanavar (1999) revelou que o contacto das mulheres com a extensão mostra que a maioria das mulheres pertencia à categoria de contacto 'médio' com a extensão (37,00%), seguido de 'alto' (34,00%) e baixo (29,00%), respetivamente.

Uddin et, al. (2008) referiu que mais de metade dos inquiridos, 53,84%, tinha um nível médio de contacto com a extensão, seguido de 23,07% e 21,97% de contacto elevado e baixo com a extensão, respetivamente.

Deshmukh P.R. (2009) revelou que a maioria (80,83) dos inquiridos tinha um contacto médio com a extensão, enquanto 32,50% e 16,67% dos inquiridos tinham um contacto baixo e elevado com a extensão, respetivamente.

Bhosale (2010) observou que a maioria (60,00) dos jovens rurais tinha um nível médio de participação na extensão, enquanto 21,66% e 18,34% tinham um nível elevado e baixo de participação em várias actividades de extensão, respetivamente.

Pode concluir-se que o beneficiário recorreu à DRDA e aos extensionistas para obter informações e conselhos sobre o MGNREGA.

11. FONTE DE INFORMAÇÃO

Wagh (2006) revela que mais de cinquenta por cento dos inquiridos (54,25%) utilizaram um número reduzido de fontes de informação. Enquanto 25,25% dos inquiridos utilizaram um número médio de fontes de informação. No entanto, 13,25% dos inquiridos utilizaram um número elevado de fontes de informação. Apenas 7,25% dos inquiridos não utilizaram fontes de informação.

Parhad (2010), num estudo sobre o impacto do Mahatma Gandhi National Rural Employment Guarantee Act Scheme nos beneficiários, referiu que (65,83) por cento dos inquiridos utilizavam fontes de informação de nível médio, enquanto (22,83) por cento e (11,67) por cento tinham fontes de informação de nível baixo e alto, respetivamente. Observou também que a maioria dos inquiridos obtinha informações sobre o MGNREGS através de familiares, amigos, gram sevak, televisão, rádio e jornais.

Shubhangi parshuramkar (2013), num estudo sobre o impacto do MGNREGA nos meios de subsistência rurais de Eastern vidharbha, concluiu que a maioria dos beneficiários, ou seja, 84,37%, utilizava regularmente fontes formais como o gram sevak/VDO, ao passo que 28,13% dos beneficiários de agri. Asstt. of agri. Dept. de agricultura procuravam regularmente informações sobre o MGNREGA. Entre as fontes informais, o sarpanch e os líderes locais foram consultados regularmente como fontes de informação por 60,00 por cento e 30,63 por cento dos beneficiários, respetivamente. Entre as fontes informais dos meios de comunicação social, 34,06%. 30,00 por cento utilizaram por vezes a televisão e os jornais, respetivamente. A maioria dos beneficiários nunca utilizou os meios de comunicação social para obter informações. Apenas 6,87% dos beneficiários utilizaram por vezes a rádio para obter informações.

Assim, as fontes de informação importantes para a maioria dos beneficiários foram os líderes locais e os funcionários responsáveis pela execução.

12. MOTIVAÇÃO ECONÓMICA

Tripathy (2004) revelou que o êxito das actividades económicas empreendidas pelos trabalhadores independentes influenciou largamente as pessoas pobres. As pessoas pobres foram motivadas pelo processo de tomada de decisões e pela base financeira mais alargada dos grupos na sua aldeia. Ficaram satisfeitas com os activos criados pelos membros do grupo e compreenderam que a abordagem de grupo através dos GAA é o único meio de atingir os objectivos desejados.

Meshram P. (2006) referiu que (45,00) por cento dos beneficiários do SGSY tinham uma motivação económica baixa, seguidos de (44,17) por cento com uma motivação económica média. Apenas (10,83) por cento dos inquiridos tinham uma motivação económica elevada.

Sharnagat (2008) indicou que a maioria dos beneficiários inquiridos (75,33) por cento tinha um nível médio de motivação económica, enquanto (16,67) por cento e (8,00) por cento dos beneficiários inquiridos tinham um nível baixo e alto de motivação económica, respetivamente.

Ujwala jadhav (2011) também afirmou que a maioria das mulheres membros de SHGs tinha motivos económicos para participar nos SHGs.

Reddy A. (2013) explicou que, até à data, foram abertas mais de 10 milhões de contas bancárias e postais NREGA. Estas contas ajudaram os pobres das zonas rurais a entrar no sector bancário organizado. As agências de pagamento dos salários estão a ser separadas das agências de execução através do pagamento dos salários com base em contas. Esta medida permitirá não só garantir a integridade do pagamento dos salários, mas também integrar as pessoas mais vulneráveis das zonas rurais da Índia no sistema bancário formal.

A análise indica que os beneficiários tinham conhecimento dos vários programas devido à sua motivação económica.

2.2 Estudar a atitude dos beneficiários em relação ao MGNREGA.

1. ATITUDE DOS BENEFICIÁRIOS EM RELAÇÃO AO MGNREGA

Satyanarayana (2002`) revelou que a maioria (60,00%) dos beneficiários do Swarna Jayanthi Gram Swarozgar Yojana tinha uma atitude favorável em relação ao programa Swarna Jayanthi Gram Swarozgar Yojana no distrito de Dharwad.

Arulprakash (2004) efectuou uma análise do programa Swarna Jayanthi Grama Swarozgar Yojana nos distritos de Salem e Thiruvallur de Tamil Nadu. O autor referiu que a maioria (56,66%) dos beneficiários do SGSY tinha uma atitude favorável em relação ao programa SGSY.

Kyatanagoudar, S.B. (2011). Knowledge and attitude of rural people about National Rural Employment Guarantee Scheme (NREGS), Reported That majority of the beneficiaries above (95.00%) had favourable attitude towards NREGS. E muito poucos (3-5%) tinham uma atitude neutra em relação a muitos aspectos do programa. Tese de Mestrado (Ag.), Universidade de Ciências Agrícolas, Dharwad, M.S. (ÍNDIA).

Garg *et al.* (2012) observaram que uma percentagem mais elevada dos inquiridos (48,33%) tinha uma atitude favorável em relação ao SGSY, enquanto um número igual de inquiridos, ou seja, 25,83%, tinha uma atitude menos favorável e mais favorável em relação ao programa SGSY.

Roy et al. (2013) observaram que exatamente metade dos inquiridos tinha uma atitude favorável em relação ao MGNREGA, enquanto (36,00) por cento e (14,00) por cento dos inquiridos tinham uma atitude neutra e desfavorável em relação ao MGNREGA, respetivamente.

Bhati, et,al. (2016) A maioria dos beneficiários tinha uma atitude mais a moderadamente favorável em relação ao MNREGA (96,00%).

Assim, pode concluir-se que a maioria dos beneficiários tinha uma atitude favorável em relação ao MGNREGA.

2.3 Relação entre as variáveis e a atitude dos beneficiários em relação ao MGNREGA

2.3.1 Idade e atitude:

Meshram P. (2006) referiu que a idade dos beneficiários não era significativa em relação à sua atitude face ao programa Swarna Jayanti Gram Swarojgar Yojana (SGSY).

Sharnagat (2008) referiu que a idade dos beneficiários foi considerada positiva e não significativa em relação à sua atitude face à NHM.

Gulkari (2011) observou uma relação positiva e não significativa entre a idade e a atitude dos beneficiários em relação à Missão Nacional de Horticultura.

Bhati, et,al. (2016) não conseguiu estabelecer uma relação significativa com a atitude dos beneficiários em relação ao MGNREGA.

2.3.2 Educação e atitude:

Patel (2005b) indicou que existia uma correlação positiva e significativa entre o grau de atitude dos inquiridos e a sua educação.

Meshram P. (2006) referiu que a educação dos beneficiários era significativa para a sua atitude em relação ao programa Swarnjayanti Gram Swarojgar Yojana (SGSY).

Olujide (2008) registou uma relação significativa entre a educação dos jovens e a sua atitude em relação ao desenvolvimento rural.

Sharnagat (2008) concluiu que a atitude dos beneficiários em relação à Missão Nacional de Horticultura estava positiva e significativamente associada à sua educação.

Gulkari (2011) concluiu que a atitude dos beneficiários em relação à Missão Nacional de Horticultura estava associada de forma negativa e não significativa à sua educação.

2.3.3 Casta e atitude:

Meshram P. (2006) referiu que o elenco dos beneficiários não era significativo no que respeita à sua atitude em relação ao programa Swarnjayanti Gram Swarojgar Yojana (SGSY).

Kyatanagoudar (2011) revelou que a casta dos beneficiários tinha uma relação positiva e significativa com a atitude.

Ramjiyani (2013) encontrou uma relação positiva e altamente significativa entre a casta e a atitude dos jovens rurais em relação à agricultura como profissão.

Lyndem (2014) revelou que a casta dos inquiridos e a sua atitude em relação à agricultura como ocupação tinham uma relação positiva e significativa.

Bhati, et,al. (2016) não conseguiu estabelecer uma relação significativa com a atitude dos beneficiários em relação ao MNREGA.

2.3.4 Dimensão da família e atitude:

Kashem e Rashid (2005) referiram que a dimensão da família dos jovens inquiridos tinha uma relação positiva e significativa com a perceção da utilidade da formação.

Meshram P. (2006) referiu que a dimensão da família não era significativa em relação à sua atitude face ao programa Swarnjayanti Gram Swarojgar Yojana (SGSY).

Ramjiyani (2013) encontrou uma relação negativa e altamente significativa entre o tamanho da família e a atitude dos jovens rurais em relação à agricultura como profissão.

Bhati, et,al. (2016) não conseguiu estabelecer uma relação significativa com a atitude dos beneficiários em relação ao MNREGA.

2.3.5 Tipo de família e atitude:

Meshram P. (2006) observou que não existia uma relação significativa entre o tipo de família dos beneficiários e a sua atitude em relação ao SGSY.

Badodiya et al. (2012) observaram uma relação não significativa entre o tipo de família dos beneficiários e a sua atitude em relação ao programa SGSY.

Bhati, et,al. (2016) não conseguiu estabelecer uma relação significativa com a atitude dos beneficiários em relação ao MNREGA.

2.3.6 Ocupação e atitude:

Sharnagat (2008) revelou que a ocupação dos beneficiários tinha uma relação significativa com a sua atitude em relação à Missão Nacional de Horticultura.

Gulkari (2011) observou uma relação negativa e não significativa entre a ocupação e a atitude dos beneficiários em relação à Missão Nacional de Horticultura.

Ramjiyani (2013) revelou que a profissão tinha uma relação positiva e não significativa com a atitude dos inquiridos em relação à agricultura como profissão.

Bhati, et,al. (2016) estavam positiva e significativamente correlacionados com a atitude em relação à MNREGA.

2.3.7 Posse de terras e atitude:

Patel (2005b) indicou que a posse de terras familiares não tinha uma relação significativa com a atitude dos inquiridos.

Sharnagat (2008) revelou que a posse de terras dos beneficiários tinha uma relação significativa com a sua atitude em relação à Missão Nacional de Horticultura.

Uprikar (2008) referiu uma relação positivamente significativa entre a posse de terras e a atitude dos jovens rurais em relação às empresas agro-industriais.

Gulkari (2011) observou uma relação positiva e significativa entre os beneficiários detentores de terras e a sua atitude em relação à Missão Nacional de Horticultura.

Bhati, et,al. (2016), a posse de terras teve uma correlação negativa e significativa com a atitude em relação ao MNREGA.

2.3.8 Rendimento anual e atitude:

Patel (2005b) verificou que o rendimento familiar estava positiva e significativamente relacionado com a atitude dos inquiridos.

Badodiya et al. (2012), no seu estudo realizado no distrito de Gwalior, em Madhya Pradesh, concluíram que existia uma relação positiva e altamente significativa entre o rendimento anual e a atitude em relação ao programa SGSY.

Meshram et al. (2012) encontraram uma relação positiva e altamente significativa entre o rendimento anual dos beneficiários e a sua atitude em relação ao programa SGSY.

Ramjiyani (2013) concluiu que existe uma relação positiva e altamente significativa entre o rendimento anual da família dos jovens rurais e a sua atitude em relação à agricultura como profissão.

Bhati, et,al. (2016) estavam positiva e significativamente correlacionados com a atitude em relação à MNREGA.

2.3.9 Participação social e atitude:

Upricar (2008) revelou que existe uma relação positiva e significativa entre a participação social e a atitude dos jovens rurais em relação às empresas agro-industriais.

Meshram P. (2006) referiu que a participação social não era significativa no que respeita à atitude dos beneficiários em relação ao programa SGSY.

Bhati, et,al. (2016) mostraram que a participação social teve uma influência significativa na sua atitude em relação ao MGNREGA,

2.3.10 Contacto e atitude em relação à extensão

Kyatanagoudar, S.B. (2011) revelou que não havia uma relação significativa entre os beneficiários e a atitude.

Bhati, et,al. (2016) concluíram que não existe uma relação significativa entre o contacto com a extensão e a atitude dos beneficiários em relação ao MNREGA.

2.3.11 Fonte de informação e atitude

O SAMARTHAN Centre for Development Support (2010) referiu que a participação social não era significativa para a atitude dos beneficiários em relação ao programa MGNREGA.

Kyatanagoudar, S.B. (2011) revelou que, no caso da atitude, apenas os meios de comunicação social têm uma influência positiva e significativa na atitude dos beneficiários.

Meshram P. (2012) encontrou uma relação positiva e altamente significativa entre a fonte de informação dos beneficiários e a sua atitude em relação ao programa SGSY.

2.3.12 Motivação e atitude económica

Surve e Jondhale (2003) indicaram que a motivação económica estava significativa e positivamente relacionada com o comportamento de pagamento do crédito dos membros de uma sociedade de crédito agrícola primária.

Meshram P. (2006) referiu que a motivação económica dos beneficiários estava significativamente associada à sua atitude em relação ao programa Swarnjayanti Gram Swarojgar Yojana (SGSY).

Sharnagat (2008) referiu que a motivação económica dos beneficiários tinha uma relação positiva e altamente significativa com a atitude dos inquiridos em relação à Missão Nacional de Horticultura.

Gulkari (2011) revelou que a motivação económica dos beneficiários tinha uma associação positiva e não significativa com o seu nível de atitude em relação à Missão Nacional de Horticultura.

Bhati, et,al. (2016) verificaram uma correlação positiva e significativa entre a motivação económica e a atitude em relação ao MNREGA.

2.4 Constrangimentos enfrentados pelos beneficiários do MGNREGA

Datt (2008) referiu que os principais condicionalismos no âmbito da NREGA eram os seguintes:

1. Falta de pessoal profissional.

2. Falta de planeamento adequado do projeto.

3. Resistência burocrática ao NREGA.

4. Taxas de pagamento inadequadas.

5. Falta de instalações no local de trabalho.

6. Falta de transparência e ausência de auditoria social.

Badodiya et al. (2012) concluíram que os principais condicionalismos do SGSY, tal como referidos pelos beneficiários, eram os seguintes: o processo de obtenção de crédito é complicado e os benefícios do programa não chegam às pessoas necessárias.

Narayansam et al. (2014) analisaram o funcionamento do NREGS em Kerala, englobando todos os seus aspectos essenciais. Mais especificamente, o estudo visava analisar em que medida o regime gerou emprego, avaliar o impacto do regime em variáveis selecionadas e determinar as limitações e os constrangimentos enfrentados pelos funcionários na aplicação do regime.

Sinha (2014) concluiu que os inquiridos conheciam bem os procedimentos do MGNREGA, como o registo, a obtenção de cartões de trabalho, 100 dias de emprego num ano, mas não conheciam muito bem o processo de abertura de contas bancárias, o acesso ao banco, a receção do pagamento do banco e o processo de pagamento do salário no MNREGA.

Bishnoi et al. (2015) estudaram os constrangimentos percebidos pelos inquiridos para tirar partido do MNREGA em Punjab e Rajasthan. Os constrangimentos foram categorizados em seis categorias, a saber, companheiro e registo, trabalho, salários, cartão de emprego, instalações e constrangimentos sociais. Os principais constrangimentos foram o analfabetismo, a dificuldade em preencher o formulário e o procedimento complexo de registo, o trabalho do MNREGA é mais trabalhoso e difícil para as mulheres, as taxas salariais são muito baixas, atrasos desnecessários no pagamento do salário, mais cartões de trabalho e menos emprego, o grupo de elite dos trabalhadores capta a maior parte dos cartões de trabalho e a falta de instalações de cuidados infantis.

Kumar et al. (2010), no seu estudo, concluíram que os principais problemas do MNREGA eram a "falta de recibo escrito e assinado para os empregos", "o rácio salário e material (60:40) não é mantido" e "os cartões de emprego não são emitidos no prazo de 15 dias após a candidatura".

Bhati et al. (2016) Os principais constrangimentos enfrentados pelos beneficiários do MNREGA foram os seguintes: o emprego de cem dias (por agregado familiar e por ano) é demasiado reduzido na situação atual, a falta de instalações médicas perto do local de trabalho, o subsídio de desemprego não é concedido em caso de atraso no emprego, o trabalho contínuo não é concedido, a mesma taxa salarial é dada para todos os tipos de trabalho e o atraso na emissão do cartão de emprego.

2.5 Sugestões dos beneficiários do MGNREGA para ultrapassar os constrangimentos

Arulprakash (2004), nos distritos de Salem e Thiruvallur, em Tamil Nadu, referiu que mais de metade dos beneficiários sugeriu a rápida libertação do empréstimo (61,66%), formação para conseguir a participação ativa dos membros do grupo (56,66%) e meios de transporte adequados para a comercialização. As outras sugestões importantes que fizeram foram a necessidade de sistemas de viúva única e de informação adequada sobre o SGSY, a rápida libertação da segunda e terceira prestações do empréstimo e a simplificação do procedimento.

Garg e yadav (2010) sugeriram algumas das seguintes medidas: 1. Deveria haver uma estrutura separada para realizar o trabalho ao abrigo do regime MGNREGA a nível do bloco distrital e do Gram Panchayat. 2. Os Estados devem assegurar uma maior publicidade a nível das bases, nomeadamente através de exposições nos panchayat ghars e nas agências de execução, de modo a garantir uma participação adequada dos gram sabha. 3. A utilização das TIC (tecnologias da informação e da comunicação) deve ser iniciada na execução do MGNREGA em todos os domínios da comunicação e da mobilização, do planeamento, da monitorização e do sistema de resolução de queixas. 4. Tanto a lei como as diretrizes operacionais estipulam que, em nenhuma circunstância, os trabalhadores devem receber menos do que o salário mínimo. O não pagamento do salário mínimo ou o atraso no pagamento dos salários constitui uma violação do MGNREGA. Os infractores devem ser identificados e punidos em conformidade com as disposições da lei.

Harish (2010) sugeriu que os salários do MGNREGA deveriam ser aumentados de 82/- para 120/- rupias por dia. Aconselha-se a existência de uma taxa salarial diferente para homens e mulheres para encorajar os trabalhadores do sexo masculino, de modo a que o trabalho árduo que envolve trabalho pesado possa ser efetivamente concluído. Cem dias de trabalho limitados estritamente aos meses em que não há atividade de colheita ou sementeira. A assistência financeira deve ser incluída no programa MGNREGA para manutenção e cuidados posteriores.

Vanitha (2010) sugeriu que o MGNREGA deve ser tornado complementar à agricultura através da implementação de uma maior gestão dos recursos naturais. O acompanhamento e a auditoria social das obras do MGNREGA devem ser ainda mais eficazes, de modo a garantir o pagamento atempado dos salários e a emissão de cartões de trabalho a todos os agregados familiares registados no âmbito do MGNREGA sem qualquer atraso.

Roy et al. (2012) relataram as seguintes sugestões oferecidas pelos beneficiários do MGNREGA para superar os seus problemas pelo menos 15 dias de trabalho devem ser fornecidos ao abrigo do MGNREGA (Classificação I), seguidos da disponibilização de instalações médicas perto do local de trabalho (Classificação II), aumento da taxa salarial (Classificação III), pagamento atempado do salário completo (Classificação IV), disponibilização de trabalho contínuo (Classificação V), necessidade de fornecer salários diferentes para diferentes tipos de trabalho

(Classificação VI), emissão atempada do cartão de trabalho (Classificação VII),
deve ser dada uma taxa salarial mais elevada aos homens do que às mulheres
(Classificação VIII).

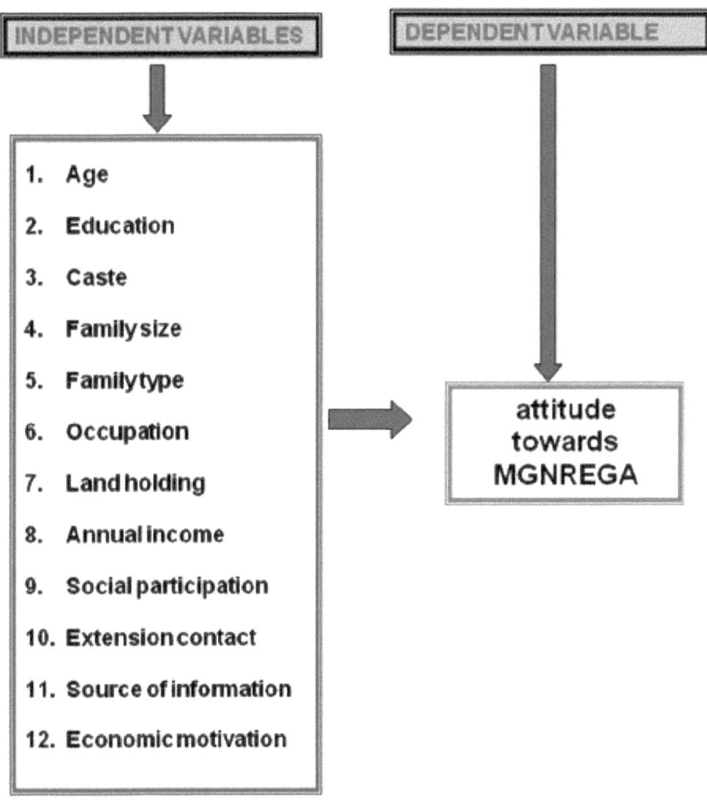

MATERIAL E MÉTODOS

Este capítulo trata da descrição relativa à seleção do local de investigação e da amostragem, do desenho da investigação, das técnicas e instrumentos de recolha de dados, do significado dos termos, dos conceitos e dos métodos estatísticos utilizados no presente estudo. O capítulo incorpora também o processo de medição das variáveis independentes e dependentes em estudo

O estudo foi realizado no distrito de Wardha, no estado de Maharashtra, durante 2017-18. O material e os métodos seguidos para a realização do estudo são apresentados em pormenor nas rubricas seguintes:

3.1 Local do estudo

3.2 Seleção do Gram Panchayat

3.3 Seleção dos inquiridos

3.4 Conceção da investigação

3.5 Variáveis e sua medição empírica

3.6 Operacionalização e medição das variáveis independentes

3.7 Operacionalização e medição das variáveis dependentes

3.8 Constrangimentos enfrentados pelos beneficiários do MGNREGA

3.9 Sugestões para ultrapassar os constrangimentos tal como são percepcionados pelos beneficiários do MGNREGA

3.10 Elaboração do programa de entrevistas

3.11 Recolha de dados

3.12 Análise estatística dos dados

Estado : MAHARASHTRA Distrito : WARDHA

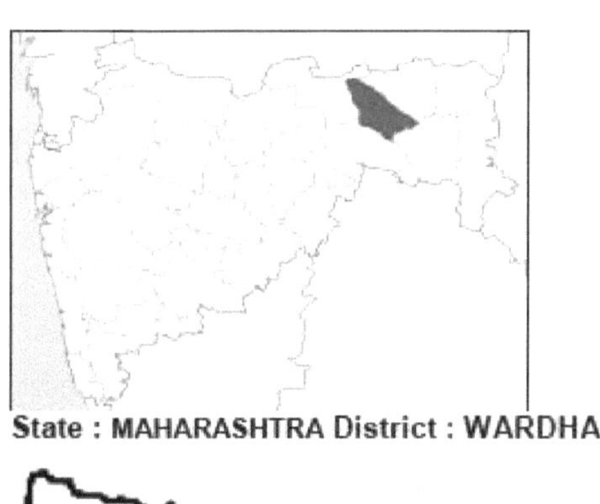

Fig. 2 Mapa que mostra os tehsils selecionados do distrito de Wardha

3.1 Local do estudo

O presente inquérito foi efectuado em Wardha e Hinganghat Panchayat samities do distrito de Wardha, no Estado de Maharashtra. A seleção foi feita propositadamente, uma vez que os trabalhos do MGNREGA estão efetivamente a decorrer nas aldeias dos respectivos talukas. Dos oito taluks, os samities de Wardha e Hinganghat Panchayat são selecionados propositadamente com base no maior número de empregos proporcionados aos beneficiários rurais (estatísticas MGNREGA, 2017-18) (quadro 1). Sessenta beneficiários selecionados de cada taluka, considerando cinco gram panchayats de cada taluka, pelo que a dimensão da amostra constituída para o estudo foi de 120.

Quadro 1: Relatório de progresso sobre os trabalhos relativos a NRM/água/todas as plantações/PMKSY para o AF: 2017-2018 Lei nacional de garantia do emprego rural de Mahatma Gandhi (MGNREGA)

Sr. Nã o.	Bloco	Nú me ro de Blo cos	Número de NRM Obras		% de obras Sobre as obras NRM em relação ao total de obras	Despes as sobre NRM obras[I n. Lakhs]	Despes as em Todos obras[I n. Lakhs]	% de despesas sobre NRM obras contra total Despesas
			Em curso	Concluí do				
1	2	3	4	5	6	7	8	9=7/8*100
1	Arvi	1	712	258	34.43	452.18	603.41	74.94
2	Ashti	1	737	222	49.61	403.37	497.53	81.07
3	Deoli	1	515	198	31.63	474.6	558.25	85.02
4	Hingangha t	1	452	176	30.57	412.83	500.68	82.45
5	Karanja	1	2093	605	55.99	861.16	1366.1	63.04
6	Samundra pur	1	643	253	56.04	368.22	407.25	90.42
7	Seloo	1	352	199	43.35	331.04	395.54	83.69
8	Wardha	1	384	88	30.14	311.65	391.59	79.59
	Total	8	5888	1999	43.07	3615.0 5	4720.3 5	76.58

3.2 Seleção do Gram Panchayat

De entre todos os gram panchayats, foram selecionados cinco gram panchayats de cada taluk onde o programa MGNREGA é efetivamente implementado e onde o maior número de beneficiários está empregado. São eles.

Prato 1 Entrevista do investigador com os beneficiários da MGNREGA no terreno Ashta neri

Quadro 2 Entrevista do investigador com os beneficiários da MGNREGA no campo de Kutki

Quadro 2: lista de beneficiários por aldeia selecionados para o estudo

N.º Sr.	Wardha	Número do cartão de emprego	Número de inquiridos	N.º Sr.	Hinganghat	Número do cartão de emprego	Número de inquiridos
1.	Ashta Neri	174	12	1	Kingaon	188	12
2.	Bhugaon	144	12	2	Bothuda	194	12
3.	Selu Kate	187	12	3	Jangona	200	12
4.	Jaulgaon	89	12	4	Kutki	182	12
5.	Mandavgad	124	12	5	Daroda	340	12
	Total	718	60		total	1104	60

Fonte - Governo da Índia Ministério do Desenvolvimento Rural Departamento de Desenvolvimento Rural 2017-18

3.3 Seleção dos inquiridos

Foi selecionada uma amostra de doze beneficiários do MGNREGA de gram panchayats selecionados de cada taluka através da aplicação da técnica de entrevista pessoal, em que um beneficiário do MGNREGA/ rojgar sanyojak foi tomado como facilitador em cada aldeia para identificar outros beneficiários do programa. Assim, a amostra total para o estudo é de 120 pessoas provenientes de doze gram panchayats de dois talukas, tal como mencionado no quadro 2, do distrito rural de Wardha.

3.4 Conceção da investigação

Com base nos objectivos do estudo, foi adoptada para este estudo uma conceção de investigação ex-post facto. Robinson (1976) definiu a conceção ex-post facto como qualquer investigação empírica sistemática em que as variáveis independentes não foram diretamente manipuladas porque já ocorreram e não são inerentemente manipuláveis. Tendo em conta a adaptabilidade do modelo proposto em relação ao tipo de variáveis em análise, à dimensão dos inquiridos e ao fenómeno a estudar, o modelo ex-post-facto foi selecionado como modelo de investigação adequado.

Quadro 3 Entrevista do investigador com o MGNREGA gram Rojgar sanyojak Bothuda

Prato 4 Entrevista do investigador com os beneficiários do MGNREGA com trabalho efetivo realizado em. Daroda

3.5 Variáveis e sua medição empírica

As variáveis dependentes e independentes e a respectiva medição dos instrumentos são apresentadas de seguida:

Quadro 3: Variáveis selecionadas para o estudo com as respectivas definições operacionais e medidas

N.º Sr.	Variáveis independentes	Definições operacionais e medição
1.	Idade	A idade cronológica dos beneficiários individuais é indicada em anos completos.
2.	Educação	Formação académica concluída pelos beneficiários no momento da entrevista.
3.	Casta	A casta define a posição do beneficiário na sociedade.
4.	Tamanho da família	Refere-se ao número real de membros que vivem numa família.
5.	Tipo de família	Foi considerada a família nuclear ou conjunta do inquirido.
6.	Ocupação	Foi operacionalizado como a natureza do emprego ocupado pelo beneficiário.
7.	Exploração de terras	Hectares reais de terras possuídas pelos beneficiários para o cultivo de culturas.
8.	Rendimento anual	Rendimento bruto em rupias proveniente de todas as fontes num ano.
9.	Participação social	Grau de participação da população rural nas actividades das organizações sociais formais das aldeias, como membro ou como titular de um cargo.
10.	Extensão Contacto	Foi medida em termos do número de contactos e da sua frequência, ou seja, sempre, às vezes e nunca, atribuindo a pontuação 2, 1 e 0, respetivamente.
11.	Fonte de informação	Refere-se à frequência com que os inquiridos utilizam os meios de comunicação social, como a rádio, a televisão, os jornais, as revistas e os periódicos.

12.	Motivação económica	A escala desenvolvida por Supe (1969) foi utilizada para medir a motivação económica com uma pequena modificação.
2. Variáveis dependentes		
1.	Atitude em relação ao MGNREGA	Medir o grau de sentimentos positivos ou negativos dos beneficiários relativamente ao MGNREGA. A atitude é frequentemente moldada pela demografia, pelos valores sociais e pela personalidade. Foi medida utilizando a escala desenvolvida por Roy Jayanta et al. (2012).

3.6 Operacionalização e medição das variáveis independentes

Os dados foram recolhidos através de entrevistas efectuadas pessoalmente pelos beneficiários em casa ou no terreno, com a ajuda de um programa de entrevistas pré-testado.

1. IDADE

Foi definida operacionalmente como o número de anos completados a partir da data de nascimento do inquirido no momento do inquérito. Pensa-se que a idade de um indivíduo influencia o conhecimento e a atitude dos inquiridos em relação ao MGNREGA. No presente estudo, a idade refere-se à idade cronológica dos beneficiários. Os beneficiários foram agrupados em três categorias, como se segue.

N.º Sr.	Categoria	Idade (anos)
1	Jovem	Até 35 anos
2	Médio	36-50 anos
3	Antiga	Mais de 50 anos

2. EDUCAÇÃO

A educação é o processo que leva a uma mudança desejável no comportamento do indivíduo.

A educação foi operacionalizada como a escolaridade formal concluída por um beneficiário individual. A educação formal do beneficiário do MGNREGA foi considerada para conhecer o seu nível de educação. A educação dos inquiridos pode ter influência no conhecimento e na compreensão do MGNREGA. Foi medida em termos do nível de escolaridade formal concluído pelos beneficiários e considerada a pontuação obtida.

Com base no número de anos de escolaridade, foram agrupados em seis categorias, como a seguir se indica.

N.º Sr.	Categoria	Formação académica (std.)
1	Analfabeto	Sem escolaridade formal
2	Escola primária	1st a 4th standard
3	Ensino médio	5th a 7th standard
4	Ensino secundário	8th a 10th standard
5	Ensino secundário superior	11th a 12th standard
6	Faculdade	Acima de 12th standard

3. CASTELO

Foi operacionalizada como a casta a que se pertence por nascimento. No MGNREGA, a casta desempenha um papel importante, uma vez que é obrigatório que haja uma reserva de 30,00% para a casta/ tribo registada.

No presente estudo, as castas Lingayat, cristã e maratha foram agrupadas na categoria de casta superior ou geral, ao passo que as castas Gavali, Kumbar, Nekar, Uppar e Badiger foram incluídas na categoria de classe "atrasada". Os inquiridos que pertenciam à casta e às tribos registadas foram agrupados na categoria SC/ST. Bheemappa (2006) adoptou um procedimento semelhante

A pontuação destas categorias foi efectuada da seguinte forma.

N.º Sr.	Categoria	Pontuação
1	Aberto	3
2	OBC/VJ/NT	2
3	SC/ST	1

4. TAMANHO DA FAMÍLIA

A dimensão da família refere-se ao número de membros da família do inquirido, composto por indivíduo, mulher, filhos e outros membros dependentes. A pontuação foi atribuída de acordo com a escala S.E.S. desenvolvida por Trivedi e Pareek (1964). As pontuações totais em relação a cada item foram convertidas em frequências e em percentagem para o total e classificadas da seguinte forma

N.º Sr.	Categoria	Pontuações
1	Pequeno (até 3 membros)	1
2	Médio (4-6 membros)	2
3	Grande (mais de 6 membros)	3

5. TIPO DE FAMÍLIA

Indica se um adulto vive numa família conjunta ou numa família nuclear.

A. A família conjunta refere-se a uma família em que mais de uma parte do casal com filhos casados vive em conjunto.

B. A família nuclear é uma família constituída por um único elemento do casal com filhos solteiros que vivem juntos.

Com base na informação obtida dos inquiridos sobre o tipo de família, os inquiridos foram classificados em família conjunta e família nuclear com pontuações de 1 e 2, respetivamente. O número de pontuações em cada categoria foi convertido em frequências e percentagens.

N.º Sr.	Categoria	Pontuações
1	Nuclear	1
2	Conjunto	2

6. OCUPAÇÃO

Foi operacionalizada como a natureza do emprego exercido pelos inquiridos. No presente estudo, a ocupação refere-se à ocupação rural, tal como é declarada em termos da sua atividade agrícola e de outras profissões. A ocupação dos inquiridos que contribuía com mais de 50 por cento do seu rendimento total foi considerada a sua ocupação principal (ocupação primária). E a ocupação que contribuía com menos de 50 por cento foi considerada como ocupação subsidiária (ocupação secundária). O termo "ocupação" também se refere à ocupação atual dos inquiridos.

1. MNREGA

2. MNREGA+ trabalho

3. MNREGA + trabalho agrícola + criação de animais

4. MNREGA + agricultura + criação de animais + outros

7. PROPRIEDADE DE TERRAS

No estudo, a posse da terra foi definida como o número de hectares de terra que o beneficiário possui. As terras efetivamente possuídas pelos beneficiários, em hectares, foram consideradas como a sua superfície. O beneficiário do MGNREGA foi agrupado em cinco categorias, de acordo com a classificação normalizada efectuada pelo Governo do Estado de Maharashtra.

N.º Sr.	Categoria	Exploração de terras (ha.)
1.	Sem terra	Nenhum terreno
2.	Marginal	Até 1,00 ha.
3.	Pequeno	1,01 a 2,00 ha.
4.	Semi-Médio	2,01 a 4,00 ha.
5.	Médio	4,01 a 10,00 ha.
6.	Grande	Acima de 10,01 ha.

8. RENDIMENTO ANUAL

Para o estudo, o rendimento anual da família foi operacionalizado como o rendimento total de todos os membros da família num ano. Este rendimento pode provir de diferentes fontes, como salários, agricultura, criação de animais, empresas e quaisquer outras fontes, conforme expresso pelos inquiridos. Os inquiridos foram agrupados em três categorias, como se indica a seguir.

N.º Sr.	Categoria	Intervalo de pontuação

1.	Até 20.000	1
2.	20.001 a 50.000	2
3.	50,001 a 1,00,000	3

9. PARTICIPAÇÃO SOCIAL

No estudo, a participação social refere-se ao grau de participação da população rural nas actividades das organizações sociais formais das aldeias, como membro ou como titular de um cargo. O procedimento acima referido foi seguido por Rayanagoudar (2009). Organizações sociais como Mahila mandal, Gram Panchayat, sociedade cooperativa e outro tipo de organizações.

Foi atribuída uma pontuação numérica de 1 para a participação numa organização informal, enquanto que uma pontuação de 2 será atribuída ao titular de um cargo numa organização informal. Do mesmo modo, foi atribuída uma pontuação de 3 à participação numa organização formal, enquanto que uma pontuação de 4 foi atribuída ao titular de um cargo na organização formal. A pontuação total assim obtida foi considerada como pontuação de participação social e foi categorizada em baixa, média e alta com base no método de intervalos iguais.

Sr.no.	Categoria	Pontuação
1	Titular de uma organização formal	4
2	Membro de uma organização formal	3
3	Titular de uma organização informal	2
4	Membro de uma organização informal	1
5	Sem adesão	0

10. CONTACTO DE EXTENSÃO

Referia-se ao conhecimento dos inquiridos sobre várias actividades de extensão, como demonstrações, formação, reuniões, exposições e outras actividades. Considera-se que o grau de participação dos beneficiários nestas actividades influencia a sua atitude em relação ao MGNREGA.

A pontuação foi feita com base no contacto do beneficiário com o pessoal de extensão como AO, VDO, VLW, etc., e agências como panchayat samiti, ZP, etc.

Foi medido em termos do número e da frequência dos contactos com o pessoal da extensão. Para a sua medição, foi elaborado um calendário.

Foi medido em três pontos contínuos como regular, às vezes e nunca, atribuindo uma pontuação de 2, 1 e 0, respetivamente. A pontuação máxima possível era de 28 e a mínima de 0. A pontuação total de cada beneficiário foi calculada através da soma das pontuações de todas as declarações.

O beneficiário foi classificado em três categorias, com base na média e ± DP, como se segue.

N.º Sr.	Categoria
1.	Baixa
2.	Médio
3.	Elevado

11. FONTE DE INFORMAÇÃO

Refere-se à frequência da utilização de meios de comunicação social, como a rádio, a televisão, os jornais, as revistas e os periódicos pelos inquiridos. Pensa-se que a exposição a esses meios de comunicação social influencia o conhecimento e a atitude dos inquiridos. Foi pedido a cada inquirido na área de estudo que indicasse se era assinante/proprietário dos meios de comunicação social.

No presente estudo, a utilização de fontes de informação foi operacionalizada como o grau em que um inquirido utilizava diferentes fontes de informação para as suas actividades agrícolas e domésticas. Os itens foram medidos numa escala contínua de 5 pontos: muito frequentemente, frequentemente, por vezes, raramente e nunca, com pontuações de 4, 3, 2, 1 e 0, respetivamente. A pontuação total individual do inquirido na escala é obtida através da soma das pontuações em cada item.

N.º Sr.	Categoria	Frequência de utilização de diferentes fontes de informação com pontuação				
		Vo(4)	O(3)	ST(2)	R(1)	N(0)
a	**Fontes formais interpessoais**					
1.	Responsável pelo desenvolvimento da aldeia					
2.	Assistente de agricultura					

3.	Responsável pelo desenvolvimento de blocos					
4.	Cientista da Universidade de Agricultura	51				
5.	SMS de KVK					
6.	Funcionários do Panchayat					
7.	Funcionários da cooperativa					
8.	Comerciantes de fertilizantes/pesticidas/insumos					
b	**Fontes informais interpessoais**					
9.	Agricultor progressista					
10.	Parentes e amigos					
11.	Vizinhos					
c	**Fontes dos meios de comunicação social**					
12.	Jornal de Notícias					
13.	Rádio					
14.	Folhetos/Pastas					
15.	Revista Farm					
16.	Parcela de demonstração					
17.	Visita ao formulário do governo					
18.	Filme sobre agricultura					
19.	Móvel					
20.	Internet					

12. MOTIVAÇÃO ECONÓMICA

A escala desenvolvida por Supe (1969) foi utilizada para medir a motivação económica com uma pequena modificação. Há seis afirmações sobre a motivação económica, com cinco pontos contínuos: "concordo totalmente", "concordo", "indeciso", "discordo" e "discordo totalmente". As pontuações atribuídas aos pontos foram 5, 4, 3, 2 e 1, respetivamente, para as afirmações positivas e o inverso para as afirmações negativas. Os inquiridos foram agrupados em três categorias com base na (i) média - S.D. (baixa), (ii) média ± S.D. (média) e (iii) média + S.D. (alta), respetivamente.

Declaraçã o	Concordo plenamen te	De acordo	Indecisos	Não concordo	Discordo totalment e
Positivo	5	4	3	2	1
Negativo	1	2	3	4	5

A pontuação da motivação económica de um inquirido individual era a soma total da pontuação de todas as afirmações incluídas na escala, que variava entre 6 e 30. Com base na pontuação efetivamente obtida pelos beneficiários, estes foram arbitrariamente agrupados nas seguintes categorias

Sr. nº.	Categoria	Pontuação
1	Baixa	11 a 15
2	Médio	16 a 20
3	Elevado	21 a 25

3.7 Operacionalização e medição das variáveis dependentes

O estudo de investigação consiste numa variável dependente, nomeadamente a atitude dos beneficiários em relação ao programa MGNREGA. A operacionalização e a medição de uma variável independente são descritas em seguida:

ATITUDE EM RELAÇÃO À MGNREGA

A atitude é o grau de sentimento positivo ou negativo dos beneficiários em relação ao MGNREGA. A atitude é uma posição mental ou um sentimento emocional sobre a lei e o programa MGNREG. As atitudes são frequentemente moldadas pela demografia, valores sociais e personalidade. À medida que o indivíduo tenta avaliar o programa, desenvolve uma atitude em relação ao mesmo. As atitudes positivas motivam os homens e as mulheres a inscreverem-se nos programas de emprego assalariado (MGNREGS), o que contribuiu muito para alcançar o objetivo do programa de mitigar a pobreza e reduzir a migração. Foi medida utilizando a escala desenvolvida por Roy Jayanta et al. (2012).

O total de 15 afirmações foi administrado aos inquiridos ao longo de um contínuo de cinco pontos, representando "concordo totalmente", "concordo", "indeciso", "discordo" e "discordo totalmente", com uma ponderação de 5, 4, 3, 2 e 1, respetivamente. A pontuação da atitude de um inquirido foi calculada somando as pontuações obtidas por ele em todas as afirmações. A pontuação da atitude nesta escala varia entre um mínimo de 15 e um máximo de 75. Além disso, a pontuação dos beneficiários individuais foi convertida em índice de atitude através da seguinte fórmula.

$$\text{Índice de Atitude (IA)} = \frac{\text{Pontuação obtida da atitude}}{\text{Pontuação máxima de atitude que pode ser obtida}} \times 100$$

Com base no método do intervalo igual, os beneficiários foram classificados em três categorias de atitude: desfavorável, moderada e favorável.

N.º Sr.	Categoria	Pontuação
1.	Desfavorável	Até 33,33
2.	Moderado	33,34 a 66,66
3.	Favorável	Acima de 66,66

3.8 Constrangimentos enfrentados pelos beneficiários do MGNREGA

Os condicionalismos são as restrições ou problemas enfrentados pelos beneficiários no âmbito **do** programa MGNREGA. Foi pedido diretamente aos inquiridos que indicassem os condicionalismos com que se deparavam, que foram anotados. Em caso de resposta afirmativa, o resultado é "um" e em caso de resposta negativa, o resultado é "zero". Os condicionalismos foram agrupados e as respostas foram reunidas. As respostas individuais foram expressas em termos de percentagem, classificação e o teste F foi aplicado para determinar a importância desigual de cada constrangimento.

3.9 Sugestões para ultrapassar os constrangimentos na perceção dos beneficiários do MGNREGA

As sugestões dadas pelos beneficiários do MGNREGA para melhorar a situação laboral e as instalações dos trabalhadores do programa MGNREGA foram procuradas e expressas em termos de percentagem, classificações e o teste F foi aplicado para determinar a importância desigual de cada sugestão.

3.10 Elaboração do programa de entrevistas

Em primeiro lugar, foi elaborado um projeto de guião de entrevista com escalas e itens de guião adequados para medir as variáveis do estudo, que foi pré-testado na área não amostral. À luz do pré-teste, foram incorporadas as alterações necessárias na forma de itens, perguntas e suas sequências e formulação de instruções para diferentes testes. O formulário final do programa de entrevistas é apresentado no Anexo I.

3.11 Recolha de dados

Os dados foram recolhidos com a ajuda de um guião de entrevista pré-testado. As entrevistas foram realizadas durante o mês de fevereiro de 2018. As entrevistas pessoais foram realizadas num ambiente informal. Cada pergunta foi explicada aos inquiridos com igual ênfase. A discussão informal e as observações também foram feitas para compreender os inquiridos e a situação em pormenor, o que, por sua vez, foi útil para uma melhor interação dos resultados.

3.12.7 Utilização de ferramentas estatísticas

Os dados recolhidos foram quantificados, categorizados e tabulados. A análise foi efectuada através de frequências e percentagens e do coeficiente de correlação.

A análise da correlação produto-momento de Karl Pearson foi utilizada para medir a relação entre as variáveis independentes e a atitude em relação ao MGNREGA.

3.12 Análise dos dados

Os dados recolhidos para efeitos do estudo foram quantificados, **categorizados** e tabulados. Tendo em conta os objectivos do estudo, os dados foram submetidos a diferentes medidas estatísticas, incluindo a frequência, a percentagem, a média, o desvio padrão, o teste do qui-quadrado, o teste "t" emparelhado e o teste de correlação.

3.12.1 Frequência

Foi utilizada uma distribuição de frequências para quantificar as diferentes caraterísticas pessoais e sócio-psicológicas, os indicadores de impacto sócio-económico e as declarações de atitude dos inquiridos.

3.12.2 Percentagem

As percentagens foram utilizadas para efetuar comparações simples entre grupos de beneficiários. Foi calculada como a frequência de uma determinada célula multiplicada por 100 e dividida pelo número total de inquiridos.

3.12.5 Teste do qui-quadrado

O teste do qui-quadrado foi aplicado para medir a associação entre a variável dependente (atitude) e doze variáveis independentes.

3.12.6 Teste de correlação

Este teste foi utilizado para descobrir a relação entre a atitude dependente e as variáveis independentes.

3.12.7 Média

A média é a medida de tendência central utilizada para comparar os beneficiários do MGNREGA e classificá-los em grupos. A média aritmética é a soma das medidas de pontuação dividida pelo seu número. O desvio padrão (DP) é a raiz quadrada da média dos quadrados dos desvios. Foi utilizado para descobrir as variações nas pontuações das variáveis dependentes e independentes. A média e o desvio padrão são utilizados para clarificar as variáveis dependentes e independentes nas três categorias seguintes.

Categoria	Critérios
Baixo <	(Média - ½ DP)
Médio	(Média ± ½ DP)
Elevado >	(Média + ½ DP)

A média da amostra foi calculada através da soma de todas as pontuações individuais e da sua divisão pelo número de casos. A fórmula é a seguinte

$$\overline{X} = \frac{\sum X}{N}$$

Onde,

$\overline{X}$ = Média aritmética

$\sum X$ = Soma da pontuação do inquirido

N = Número de casos

3.12.8 Desvio-padrão

O desvio-padrão é uma medida de variabilidade calculada em torno da média. Foi designado pela letra grega δ (sigma) e calculado com a seguinte fórmula.

$$\delta = (S.D.) = \frac{N\sum X^2 - (\sum X)^2}{\sqrt{N}}$$

Onde,

δ = (S.D.) = Desvio padrão

$\sum X^2$ = Soma dos quadrados da série 'X'

$(\sum X)^2$ = Quadrado do somatório da série 'X'

N = Número de beneficiários

3.12.9 Coeficiente de correlação de Karl Pearson

Esta técnica foi utilizada para determinar a relação entre duas variáveis. A fórmula seguinte foi utilizada para calcular o valor "r".

$$r = \frac{\sum XY - \dfrac{(\sum X) - (\sum Y)}{n}}{\left[(\sum X^2 - (\sum X)^2\right] \times \left[(\sum Y^2 - (\sum Y)^2\right]}$$

Onde,
r= Coeficiente de correlação simples
x= Variável independente

y= Variável dependente

Σx= Soma dos valores de x

Σy= Soma dos valores y

Σx² = Soma dos quadrados dos valores de x

Σy²= Soma dos quadrados dos valores de y

Σxy= Soma de xy

N= Número de pares de observações

CAPÍTULO **IV**

RESULTADOS E DISCUSSÃO

Este capítulo descreve os resultados do estudo em termos de objectivos. Com base nos objectivos do estudo, foram recolhidas informações junto dos beneficiários, que foram depois classificadas, tabuladas e analisadas, e são apresentadas de forma sistemática de acordo com as seguintes rubricas:

4.1 Perfil dos beneficiários do MGNREGA.

4.2 Atitude dos beneficiários em relação ao MGNREGA.

4.3 Relação entre as caraterísticas selecionadas dos beneficiários e a sua atitude

4.4 Constrangimentos enfrentados pelos beneficiários do MGNREGA para usufruir dos benefícios do regime e também obter as suas sugestões para uma melhor aplicação do regime.

4.1 Perfil dos beneficiários do MGNREGA

A identificação do perfil dos beneficiários do MGNREGA foi um dos objectivos do presente estudo. Com base na revisão da literatura, foram selecionadas e estudadas algumas das caraterísticas pessoais, sociais, económicas e comunicacionais mais importantes dos beneficiários do MGNREGA. Os resultados foram tabulados, analisados e apresentados nas páginas seguintes.

4.1.1 IDADE

O desenvolvimento físico e psicológico de um indivíduo está relacionado com a sua idade. Também influencia os interesses e as necessidades de um indivíduo e desempenha um papel vital na formação da sua atitude em relação a um determinado objeto, entidade ou fenómeno. Nesta perspetiva, foi estudada a idade dos beneficiários.

A distribuição dos beneficiários de acordo com a sua idade é apresentada no Quadro 4 e representada graficamente na Fig.3

Quadro 4: Distribuição dos beneficiários de acordo com a sua idade

n=120

N.º Sr.	Categoria (anos)	Frequência	Percentagem
1	Jovens (até 35 anos)	27	22.50
2.	Médio (36-50)	70	58.34
3.	Velho (acima de 50)	23	19.16
	Total	**120**	**100.00**

Os dados relativos à idade dos beneficiários mencionados no quadro 4 indicam que mais de metade, ou seja, 58,34% dos beneficiários, pertenciam ao grupo de meia-idade, seguindo-se os jovens e os idosos com 22,50% e 19,16%, respetivamente. Assim, pode inferir-se que a maioria dos beneficiários pertencia ao grupo da meia-idade. As pessoas de meia-idade são, na sua maioria, os principais geradores de rendimento. Em geral, observa-se que as pessoas do grupo de meia-idade têm de assumir mais responsabilidades familiares do que as mais jovens e as mais velhas. Esta pode ser a razão pela qual se observa um maior número de beneficiários na faixa etária intermédia.

Esta conclusão está em consonância com as conclusões comunicadas por Kyatanagoudar (2011), Gulkari (2011) e Bhati et al. (2015)

Thadathil e Mohandas (2012) também referiram que 75 por cento dos trabalhadores do MGNREGA pertenciam ao grupo etário dos 30 aos 50 anos.

Shubhangi parshuramkar (2013), no seu estudo, constatou que a maioria dos beneficiários pertencia ao grupo etário dos 31-40 e 41-50 anos (69,38%).

4.1.2 ENSINO

Em geral, acredita-se que a educação formal abre o horizonte mental de um indivíduo e ajuda a promover o pensamento analítico, o que leva a desenvolver uma atitude em relação a assuntos ou objectos. Considerando isto

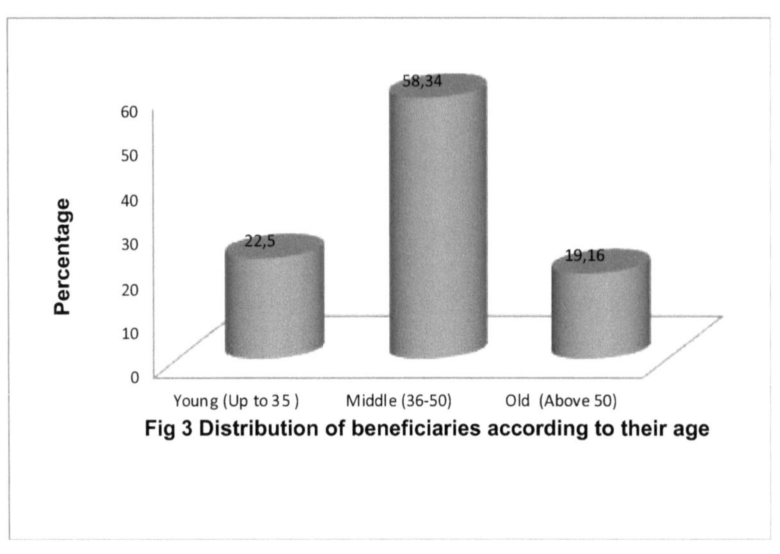

Fig 3 Distribution of beneficiaries according to their age

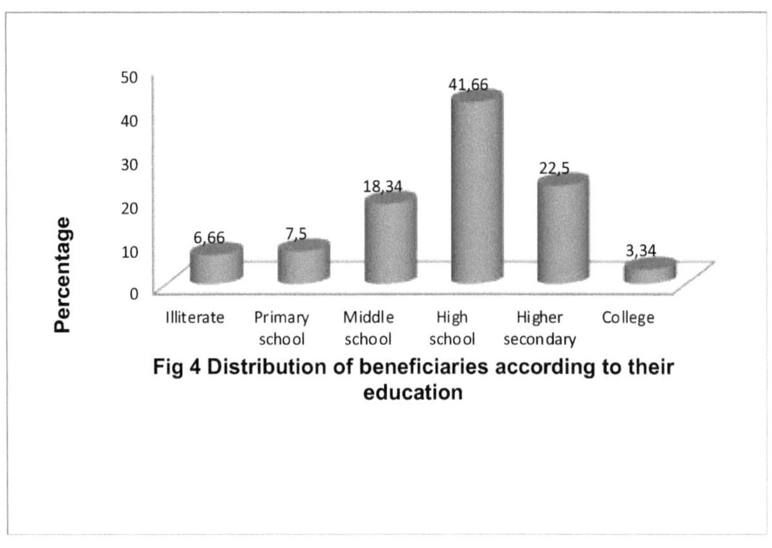

Fig 4 Distribution of beneficiaries according to their education

No que diz respeito à educação formal dos beneficiários, os dados são apresentados no quadro 5 e representados graficamente na figura 4

Quadro 5: Distribuição dos beneficiários em função da sua formação académica

n=120

N.º Sr.	Categoria	Frequência	Percentagem
1.	Analfabeto (sem escolaridade formal)	08	06.66
2.	Escola primária (1st a 4th standard)	09	07.50
3.	Ensino médio (5th a 7th standard)	22	18.34
4.	Ensino secundário (8th a 10th standard)	50	41.66
5.	Ensino secundário superior (11th a 12th standard)	27	22.50
6.	Ensino superior (acima de 12th standard)	04	03.34
	Total	**120**	**100.00**

Os dados apresentados no quadro 5 revelam que o número máximo de beneficiários, ou seja, 41,67%, possuía habilitações literárias até ao nível do ensino secundário, sendo a educação um fator importante para a criação de uma atitude mental positiva em relação ao MGNREGA, seguido de 22,50% que possuíam habilitações literárias até ao ensino secundário superior e 18,34% que possuíam habilitações literárias até ao nível do ensino médio. No entanto, uma percentagem muito reduzida de beneficiários, ou seja, 07,50% e 03,34%, possuía habilitações ao nível do ensino primário e do ensino superior, respetivamente. Apenas oito beneficiários, ou seja, 06,67%, eram analfabetos. As razões prováveis para o elevado nível de literacia entre os beneficiários rurais podem ser a tomada de consciência da importância da educação para moldar e desenvolver as suas vidas e a disponibilidade de instalações educativas nas zonas rurais.

As mesmas conclusões foram parcialmente corroboradas pelas conclusões de Bhosale (2010) e Thadathil e Mohandas (2012), que observaram que 40,50% dos beneficiários do MGNREGA no distrito de Wayanad tinham estudado até ao ensino secundário, seguidos de 25% no ensino secundário e 20,5% no ensino primário.

A principal constatação do estudo é que o MGNREGA proporciona emprego tanto a pessoas alfabetizadas como a analfabetas, pelo que ambos os tipos de beneficiários foram encontrados neste programa.

4.1.3 CASTE

A casta do indivíduo é um fator determinante na formação da atitude em relação ao MGNREGA. Por conseguinte, foi estudada a casta dos beneficiários e os dados são apresentados no Quadro 6 e representados graficamente na Fig.5

Quadro 6: Distribuição dos beneficiários de acordo com a sua casta

n=120

N.º Sr.	Categoria	Frequência	Percentagem
1.	Aberto	19	15.84
2.	OBC/VJ/NT	59	49.16
3.	SC/ST	42	35.00
	Total	120	100.00

A leitura dos dados apresentados no Quadro 6 revela que cerca de metade dos beneficiários, 49,16%, pertenciam à OBC/VJ/NT e 35,00% dos beneficiários pertenciam à Schedule Cast/Schedule Tribe, enquanto 15,84% pertenciam à categoria Aberta, respetivamente. A população da área de estudo está mais ou menos distribuída por diferentes castas.

O MGNREGA proporciona emprego a todas as categorias de castas, uma vez que oferece oportunidades de emprego a todos os indivíduos necessitados, independentemente da sua casta. Além disso, os beneficiários das categorias superior e aberta beneficiam do MGNREGA, como o poço, a sericultura, a plantação de plantas hortícolas e florestais, etc. A sua participação também aumenta.

Shubhangi parshuramkar (2013), no seu estudo, apresentou que a maioria dos beneficiários, 35,32%, pertencia a outras classes atrasadas e 31,87% pertencia à categoria SC/ST. Apenas 10,10 por cento dos beneficiários pertenciam a uma categoria aberta.

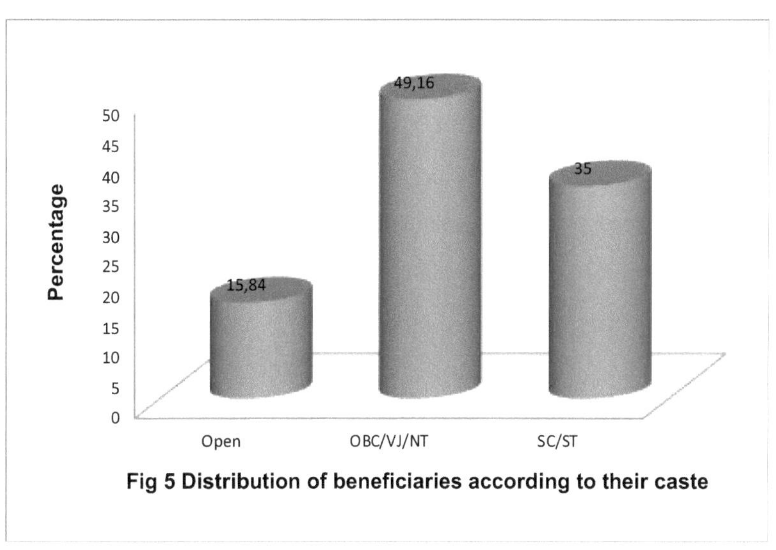

Fig 5 Distribution of beneficiaries according to their caste

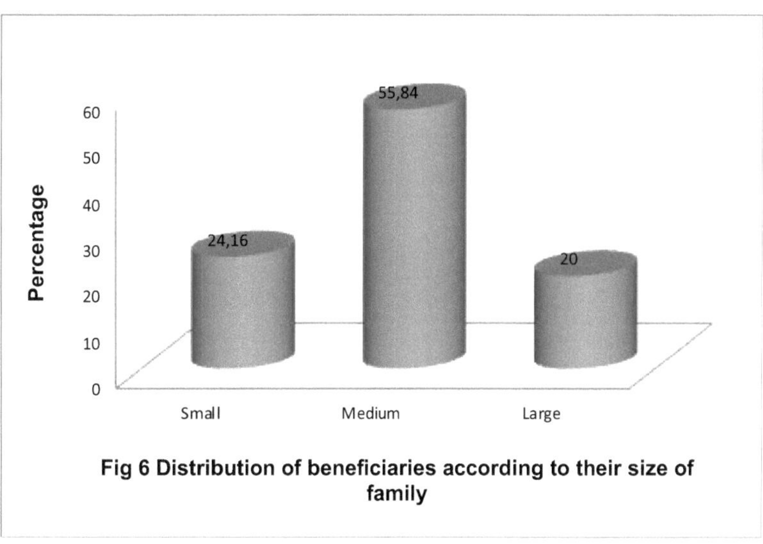

Fig 6 Distribution of beneficiaries according to their size of family

O mesmo resultado revelado por Chavai (2000) também observou que a maioria dos beneficiários da TRYSEM pertencia à categoria OBC (50%), enquanto os SC pertenciam (44,50%).

4.1.4 DIMENSÃO DA FAMÍLIA

A dimensão da família é também uma variável social importante, que pode influenciar a mudança de atitude de um indivíduo, uma vez que uma interação saudável entre os membros da família sobre o assunto pode dissipar a sua ambiguidade e moldar a atitude numa determinada direção. Assim, foi estudada a dimensão da família dos beneficiários, cujos dados são apresentados no Quadro 7 e representados graficamente na Fig.6

Quadro 7: Distribuição dos beneficiários em função da dimensão da família

n=120

N.º Sr.	Categoria	Frequência	Percentagem
1.	Pequena (até 3 membros)	29	24.16
2.	Médio (4-6 membros)	67	55.84
3.	Grande (mais de 6 membros)	24	20.00
	Total	**120**	**100.00**

Os dados apresentados no quadro 7 mostram que mais de metade (55,84%) dos beneficiários pertencia a uma família de dimensão média, seguida de uma família pequena (24,16%) e de uma família grande (20,00%).

Normalmente, na aldeia, a família é constituída por 4 a 6 membros. Uma das razões para isso é o facto de muitas pessoas possuírem pequenas propriedades, o que faz com que os seus rendimentos também sejam baixos, pelo que não podem ter grandes membros na família.

Esta conclusão está em conformidade com a relatada por Bhosale (2010) e Bhati et al. (2015)

Shubhangi parshuramkar (2013): cerca de dois terços (68,12%) dos beneficiários pertenciam a famílias de dimensão média, um quarto dos beneficiários (25,32%) declarou ter famílias de pequena dimensão (até 3 membros).

4.1.5 TIPO DE FAMÍLIA

O tipo de família desempenha um papel importante na formação da atitude de um indivíduo. Supõe-se que o processo de pensamento de um indivíduo numa família conjunta é mais suscetível de ser afetado pelo dos outros membros do que numa família nuclear. Foi neste contexto que se estudou o tipo de família dos beneficiários, cujos dados são apresentados no Quadro 8 e representados graficamente na Fig.7

Quadro 8: Distribuição dos beneficiários de acordo com o seu tipo de família

n=120

N.º Sr.	Categoria	Frequência	Percentagem
1.	Nuclear	87	72.50
2.	Conjunto	33	27.50
	Total	**120**	**100.00**

Os dados apresentados no quadro 8 mostram que a maioria dos beneficiários, ou seja, 72,50%, pertencia a uma família de tipo nuclear e 27,50% dos beneficiários pertenciam a uma família de tipo comum. Pode concluir-se dos dados acima referidos que a maioria dos beneficiários pertencia a uma família nuclear. O tipo de sistema familiar separado é a razão provável para a sua prevalência na zona rural, que também é dominante.

Shubhangi parshuramkar (2013), mais de metade (59,06%) era de família nuclear, seguida de 40,94% de família conjunta.

4.1.6 ACTIVIDADE PROFISSIONAL

A ocupação é um fator importante do qual depende a sustentabilidade dos meios de subsistência de um indivíduo. O envolvimento dos beneficiários do MGNREGA noutras ocupações pode revelar-se um fator determinante na formação da sua atitude em relação ao MGNREGA. Com este objetivo em mente, foi estudada a ocupação dos beneficiários e/ou da sua família. Os dados a este respeito são apresentados no Quadro 9 e representados graficamente na Fig.8

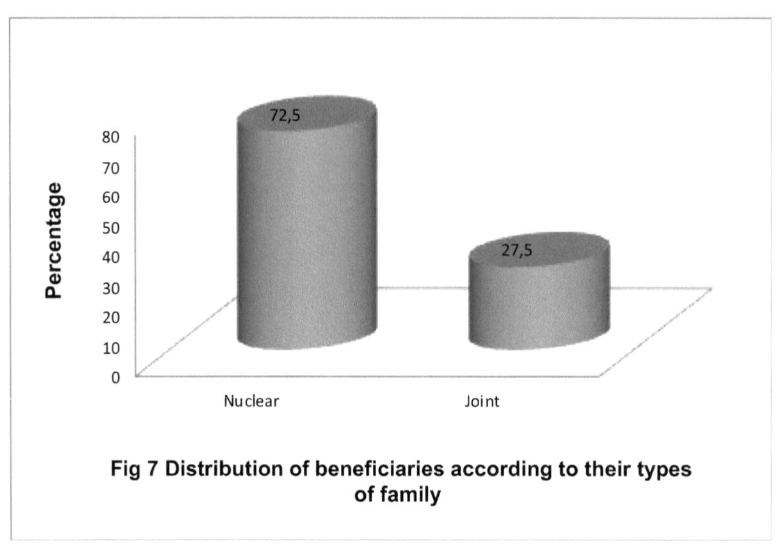

Fig 7 Distribution of beneficiaries according to their types of family

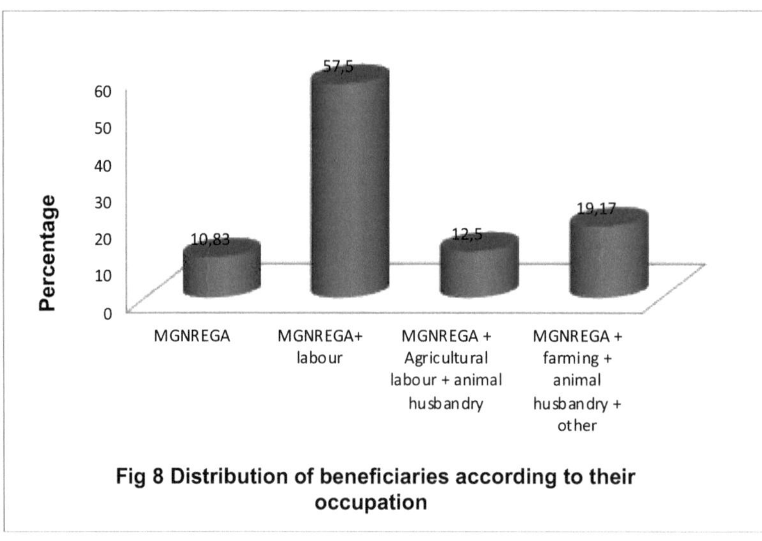

Fig 8 Distribution of beneficiaries according to their occupation

Quadro 9: Distribuição dos beneficiários de acordo com a sua atividade profissional

n=120

N.º Sr.	Categoria	Frequência	Percentagem
1.	MGNREGA	13	10.83
2.	MGNREGA+ trabalho	69	57.50
3.	MGNREGA + trabalho agrícola + criação de animais	15	12.50
4.	MGNREGA + agricultura + criação de animais + outros	23	19.17
	Total	**120**	**100.00**

Os dados apresentados no quadro 9 mostram claramente que apenas 10,83% dos beneficiários dependiam exclusivamente do MGNREGA para a sua subsistência, enquanto a maioria, ou seja, 57,50%, dependia do MGNREGA + trabalho. Além disso, 12,50 por cento e 19,17 por cento deles estavam envolvidos no MGNREGA + trabalho agrícola + criação de animais e MGNREGA + agricultura + criação de animais + outros, respetivamente, para a sua subsistência.

Pode concluir-se que a maioria dos beneficiários tinha como ocupação principal o trabalho no âmbito do MGNREGA+.

4.1.7 EXPLORAÇÃO DE TERRAS

A terra é um requisito fundamental para a agricultura e a posse de terra é um dos factores mais importantes para avaliar o estatuto socioeconómico de uma pessoa. Assim, a posse de terras pode influenciar a atitude dos beneficiários em relação ao MGNREGA. Tendo isto em conta, foram recolhidas informações sobre a posse de terras dos beneficiários, cujos dados são apresentados no quadro 10 e representados graficamente na figura 9

Quadro 10: Distribuição dos beneficiários em função da sua propriedade fundiária

n=120

N.º Sr.	Categoria	Frequência	Percentagem
1.	Sem terra	20	16.66
2.	Marginal (até 1,00) ha.	34	28.34
3.	Pequeno (1,01 a 2,00) ha.	31	25.84

4.	Semi-Médio (2,01 a 4,00) ha.	30	25.00
5.	Médio (4,01 a 10,00) ha.	05	04.16
6.	Grande (Acima de 10.01) ha.	00	00.00
	Total	**120**	**100.00**

O quadro 10 mostra claramente que 28,34%, 25,84% e 25,00% dos beneficiários pertenciam à categoria de terras marginais, pequenas e semi-médias, respetivamente. Apenas 04,16% dos beneficiários pertenciam a uma categoria de terra média. Os beneficiários sem terra eram 16,66% porque não possuíam qualquer terra, pelo que dependiam inteiramente do MGNREGA e de outros trabalhos.

É claramente indicado que a maior percentagem de beneficiários na área estudada pertencia a explorações agrícolas pequenas e marginais, seguidas de explorações agrícolas semi-médias. A razão provável pode ser o facto de a maioria dos beneficiários pertencer a uma família nuclear. Além disso, a média das propriedades fundiárias é pequena nas talukas selecionadas. Quanto mais o trabalho no MGNREGA está relacionado com a agricultura, maior é o número de pequenos agricultores e de agricultores marginais que trabalham com este programa. Trabalham nestas explorações durante a estação. A maior parte dos beneficiários, 47,5%, trabalha no âmbito do MGNREGA+ noutros trabalhos qualificados e não qualificados fora da estação.

Assim, pode concluir-se que a grande maioria dos beneficiários, 54,18%, pertencia à categoria de proprietários de terras marginais ou pequenas e, talvez por esta razão, podem ter recorrido ao MGNREGA para sustentar os seus meios de subsistência.

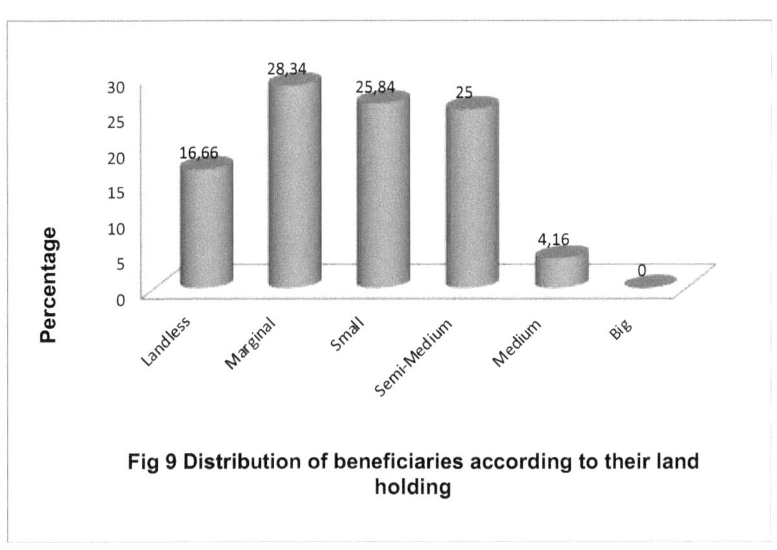

Fig 9 Distribution of beneficiaries according to their land holding

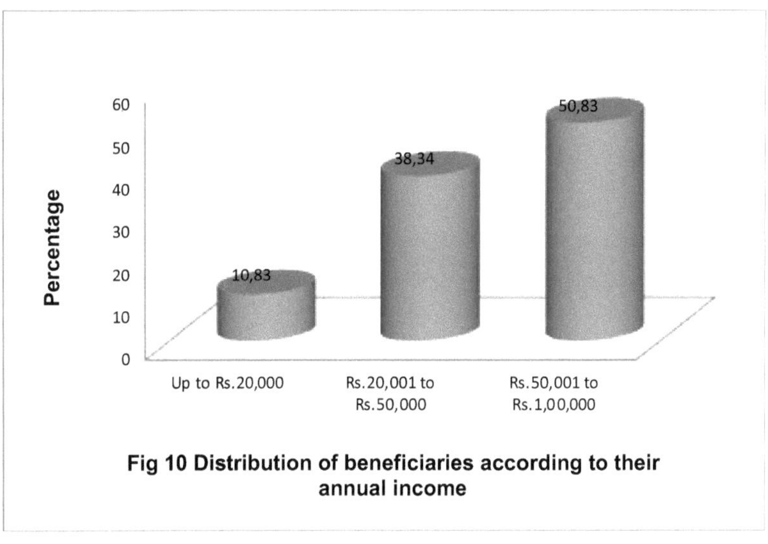

Fig 10 Distribution of beneficiaries according to their annual income

4.1.8 RENDIMENTO ANUAL

Um rendimento atempado e suficiente é essencial para qualquer tipo de família viver confortavelmente. Neste contexto, o rendimento anual torna-se um importante fator determinante da atitude de um indivíduo em relação ao

MGNREGA. Os dados relativos ao rendimento anual dos beneficiários são apresentados no Quadro 11 e representados graficamente na Fig.10

Quadro 11: Distribuição dos beneficiários em função do seu rendimento anual

n=120

N.º Sr.	Categoria	Frequência	Percentagem
1.	Até Rs.20,000	13	10.83
2.	Rs.20,001 a Rs.50,000	46	38.34
3.	Rs.50,001 a Rs.1,00,000	61	50.83
	Total	**120**	**100.00**

Os dados do Quadro 11 mostram que metade (50,83%) dos beneficiários tinha rendimentos anuais entre 50 001 e 1 000 000 rupias, seguidos de 38,34% e 10,83% de beneficiários com rendimentos anuais entre 20 001 e 50 000 rupias e até 20 000 rupias, respetivamente. Assim, pode concluir-se que a maioria dos beneficiários, 50,83%, tinha um rendimento anual de 50 001 a 1 000 000 rupias.

4.1.9 PARTICIPAÇÃO SOCIAL

A participação social é a participação dos beneficiários em diferentes organizações sociais. Aqueles que têm uma participação social mais ampla têm provavelmente mais orientação para a comunidade, conhecimentos e recursos que, por sua vez, podem afetar a formação da sua atitude em relação a um objeto ou assunto.

Nesta perspetiva, a participação social dos beneficiários foi estudada e os dados são apresentados no Quadro 12 e representados graficamente na Fig.11

Quadro 12: Distribuição dos beneficiários de acordo com a sua participação social

n=120

Sr. n°.	Categoria	Frequência	Percentagem
1	Baixo (até 0,48)	24	20.00
2	Médio (0,48-2,50)	74	61.66

3	Elevado (acima de 2,50)	22	18.34
	Total	**120**	**100.00**
Média- 1,49 DP- 1,01			

Os dados apresentados no quadro 12 mostram que a maioria dos beneficiários (61,66%) recorreu a uma participação social média, enquanto 20,00 por cento e 18,34 por cento se encontravam na categoria de utilização baixa e alta das fontes de informação, respetivamente.

A maior parte da população rural está ligada à cultura social, como bhajan mandal, mahila mandal, grupo de autoajuda, membro de panchayat samiti, gram panchayat e ONG. Os beneficiários participam maioritariamente em organizações informais, pelo que a sua participação social é de nível médio.

4.1.10. CONTACTO DE EXTENSÃO

Foi operacionalizado como a frequência de contacto dos beneficiários que trabalharam para o MGNREGA com o pessoal da extensão de diferentes organizações e agências para obter informações. A pontuação foi feita com base no contacto dos beneficiários com o pessoal da extensão como gram sevak, extensionista, VDO, TO, ADO e líderes locais, ONGs, etc.

Nesta perspetiva, o contacto dos beneficiários com a extensão foi estudado e os dados são apresentados no Quadro 13.

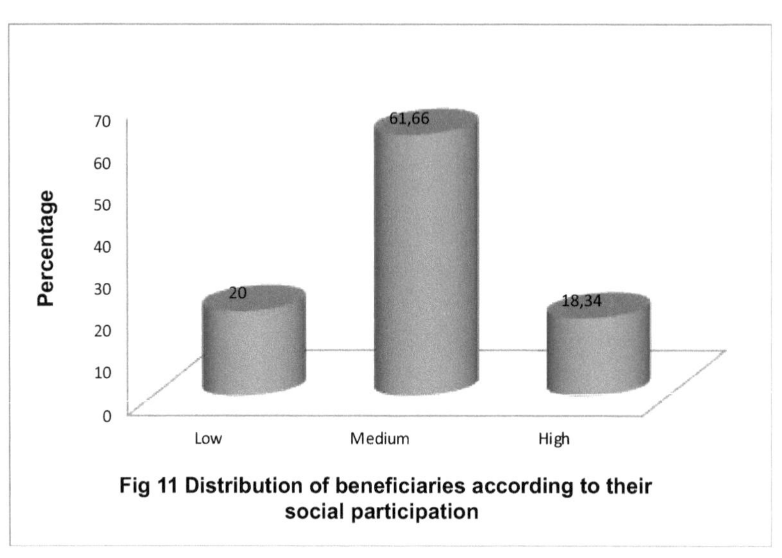

Fig 11 Distribution of beneficiaries according to their
social participation

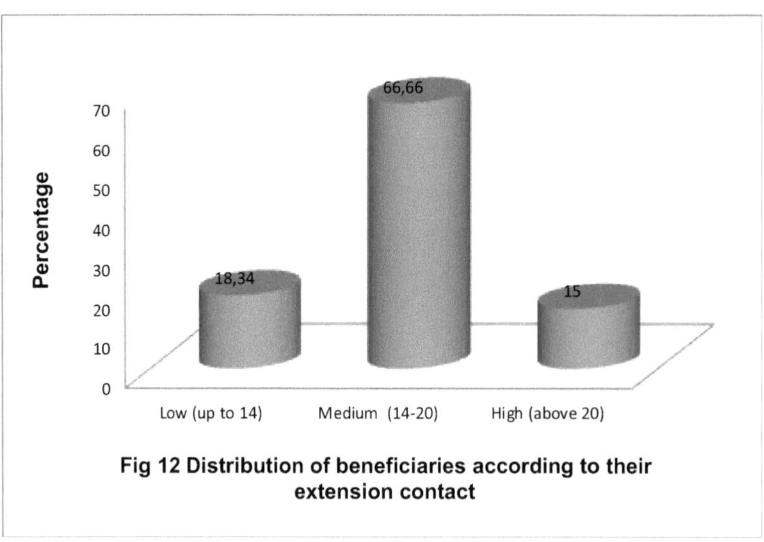

Fig 12 Distribution of beneficiaries according to their
extension contact

Quadro 13: Distribuição dos beneficiários de acordo com o seu contacto com
a extensão

n=120

N.º Sr.	Categoria	Frequência	Percentagem

1.	Baixa (até 14)	22	18.34
2.	Médio (14-20)	80	66.66
3.	Elevado (acima de 20)	18	15.00
	Total	**120**	**100.00**
Média-17,50 DP-3,07			

Os dados apresentados na tabela 13 mostram que dois terços (66,66%) dos beneficiários tiveram um nível médio de contacto com a extensão, enquanto 18,34% deles tiveram um nível baixo de contacto com a extensão. Além disso, 15,00 por cento dos beneficiários tiveram um nível elevado de contacto com a extensão.

Isto significa que a maioria (66,66%) dos beneficiários tem um nível médio de contacto com a extensão.

A razão provável para esta constatação pode ser o ensino superior e a participação ativa dos jovens rurais em organizações sociais que os motivam a participar em actividades de extensão organizadas por agências de extensão governamentais e privadas.

A distribuição dos beneficiários de acordo com o seu contacto com vários extensionistas para obter informações sobre o MGNREGA é apresentada no Quadro 14. Verifica-se que a maioria dos beneficiários contactou regularmente o Gram Sevek (82,50%), o assistente de agricultura (70,84%) e os amigos (71,66%) para obter informações e conselhos sobre o MGNREGA, enquanto cerca de 62% dos beneficiários contactaram por vezes o funcionário da extensão do panchayat samiti para obter informações sobre o MGNREGA.

No entanto, verificou-se que a maioria dos beneficiários não contactou de todo a ONG (78,34%), o responsável pela agricultura de Taluka (77,50%) do governo estatal, os líderes locais (60,33%), para obter informações sobre o MGNREGA.

Nesta perspetiva, o contacto dos beneficiários com a extensão foi estudado e os dados são apresentados no Quadro 14

Tabela 14: Distribuição dos beneficiários de acordo com a frequência dos diferentes contactos de extensão

		Beneficiários (n = 120)		
		Sempre	Algum tempo	Nunca

N.º Sr.	Pessoa de contacto	Frequência	Percentagem	Frequência	Percentagem	Frequência	Percentagem
A.	**Formal**						
1	Gram Sevak	99	82.50	21	17.50	00	00.00
2	Extensionista	22	18.34	75	62.50	23	19.16
3	Agril. Assistente	85	70.84	20	16.66	15	12.50
4	Taluka Agril. Agril.	00	00.00	27	22.50	93	77.50
5	Agril. Responsável pelo desenvolvimento	00	00.00	41	34.16	79	65.84
6	Responsável pelo desenvolvimento de blocos	00	00.00	46	38.34	74	61.66
7	Funcionários do Panchayat	71	59.16	32	26.66	17	14.16
B.	**Informal**						
8	Amigos	86	71.66	34	28.34	00	00.00
9	Familiares	76	63.34	44	36.66	00	00.00
10	Pessoal das ONG	00	00.00	26	21.66	94	78.34
11	Líderes locais	18	15.00	29	24.17	73	60.33
12	Membros do Gram Panchayat	70	58.34	25	20.83	25	20.83
13	Discussão em grupo	39	32.50	33	27.50	48	40.00
14	Gram sabha	55	45.84	30	25.00	35	29.16

Do que precede, pode concluir-se que a maioria dos beneficiários costumava contactar o Gram Sevak, o Extensionista e os Amigos para obter informações sobre o MGNREGA. Tal pode dever-se ao facto de estes funcionários estarem diretamente envolvidos na execução do MGNREGA. Os beneficiários não recorreram a outros funcionários públicos para obter informações e conselhos sobre a MGNREGA.

4.1.11. FONTE DE INFORMAÇÃO

É provável que o indivíduo utilize diferentes fontes para obter informações sobre o MGNREGA. A distribuição dos beneficiários de acordo com a sua exposição a várias fontes de informação é apresentada no quadro 15 e representada graficamente na Fig.13.

Quadro 15: Distribuição dos beneficiários de acordo com a sua fonte de informação

n=120

N.º Sr.	Categoria	Frequência	Percentagem
1.	Baixo (até 49)	23	19.16
2.	Médio (50-68)	84	70.00
3.	Elevado (acima de 68)	13	10.84
	Total	**120**	**100.00**
Média- 58,73 DP-9,31			

Os dados apresentados no quadro 16 mostram que a maioria (70,00%) dos beneficiários estava exposta a várias fontes de informação, enquanto 19,16% e 10,84% estavam na categoria de baixa e alta utilização das fontes de informação, respetivamente.

A razão provável para uma fonte de informação mediana reside no facto de os beneficiários não estarem muito avançados na recolha de informações sobre o programa MGNREGA. Recolhem informações principalmente de fontes informais, como familiares e amigos, porque são as fontes de informação mais baratas

Nesta perspetiva, foi estudada a frequência de utilização de diferentes fontes de informação com pontuação e os dados são apresentados no Quadro 16.

Quadro 16: Distribuição dos beneficiários de acordo com a frequência de utilização das diferentes fontes de informação

N.º Sr.	Fonte de informação	Frequência de utilização de diferentes fontes de informação				
		Muito frequentemente	Frequentemente	Por vezes	Raramente	Nunca
A	**Fontes formais interpessoais**					
1.	Responsável pelo desenvolvimento da aldeia	00	15 (12.50)	54 (45.00)	20 (16.66)	31 (25.83)
2.	Assistente de agricultura	00	00	65 (54.16)	30 (25.00)	25 (20.83)

No.	Fonte					
3.	Responsável pelo desenvolvimento de blocos	00	00	25 (20.83)	00	95 (79.16)
4.	Cientista da Universidade de Agricultura	00	00	18 (15.00)	00	102 (85.00)
5.	SMS de KVK	00	00	00	00	120 (100.00)
6.	Funcionários do Panchayat	11 (09.16)	59 (49.16)	34 (28.33)	00	16 (13.33)
7.	Funcionários da cooperativa	00	18 (15.00)	18 (15.00)	16 (13.33)	58 (48.33)
8.	Comerciantes de fertilizantes/pesticidas/insumos	06 (05.00)	15 (12.50)	23 (19.16)	14 (11.66)	62 (51.66)
B	**Fontes informais interpessoais**					
9.	Agricultor progressista	00	30 (25.00)	30 (25.00)	18 (15.00)	42 (35.00)
10.	Parentes e amigos	26 (21.66)	35 (29.16)	18 (15.00)	37 (30.83)	04 (03.33)
11.	Vizinhos	15 (12.50)	28 (23.33)	12 (10.00)	55 (12.50)	10 (09.13)
C	**Fontes dos meios de comunicação social**					
12.	Jornal de Notícias	00	06 (05.00)	59 (49.16)	20 (16.66)	35 (29.16)
13.	Rádio	00	33 (27.50)	25 (20.83)	62 (51.66)	00
14.	Folhetos/Pastas	00	00	00	00	120 (100)
15.	A revista Farm	00	00	00	00	120 (100)
16.	Parcela de demonstração	00	09 (07.50)	57 (47.50)	21 (17.50)	33 (27.50)
17.	Visita a uma exploração agrícola do Governo	00	26 (21.66)	49 (40.83)	15 (12.50)	30 (25.00)
18.	Filme sobre agricultura	00	00	00	00	120 (100)
19.	Telemóvel	00	26 (21.66)	52 (43.33)	30 (25.00)	12 (10.00)
20.	Internet	00	00	30 (25.00)	48 (40.00)	42 (35.00)

(Os números entre parêntesis indicam as percentagens)

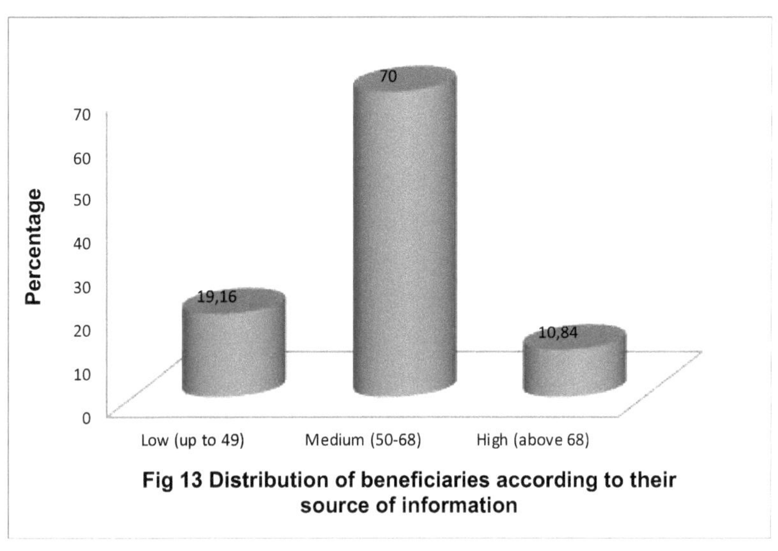

Fig 13 Distribution of beneficiaries according to their source of information

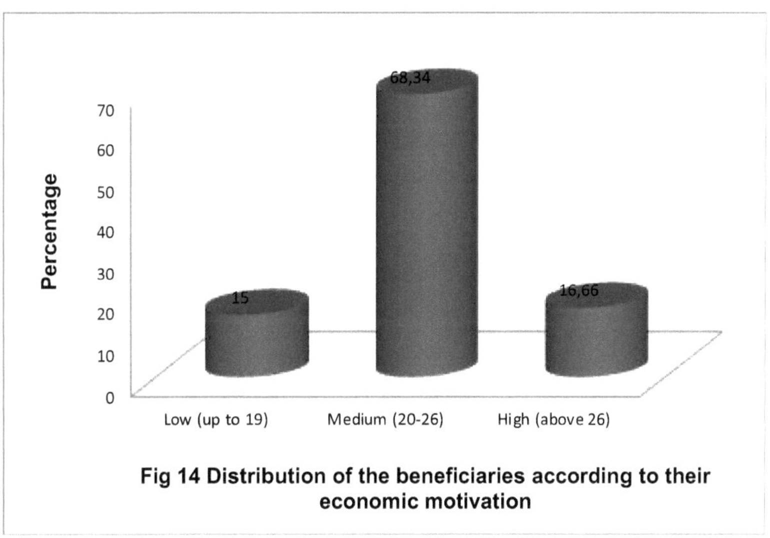

Fig 14 Distribution of the beneficiaries according to their economic motivation

De um modo geral, verificou-se que os beneficiários utilizavam as várias fontes de informação de forma moderada, sendo necessário aumentar a exposição a diferentes fontes de informação disponíveis sobre o MGNREGA.

Os dados sobre a frequência de utilização de várias fontes de informação pelos beneficiários são apresentados no quadro 17. De entre as fontes interpessoais, quase 50% contactaram regularmente os funcionários da Panchayat (49,16%) e o VDO (12,50%).

Mais uma vez, é possível constatar que a maioria dos beneficiários (54,16%) contactou por vezes o assistente agrícola, o VDO (45,00%), o jornal (49,16%), a parcela de demonstração (47,50%), o telemóvel (43,33), a visita a uma exploração agrícola do governo (40,83%), os funcionários do panchayat (28,33%), os agricultores progressistas (25,00%) e a Internet (25,00%).

Tal pode dever-se ao facto de estas fontes estarem disponíveis com dificuldade ou de os beneficiários não as considerarem adequadas. Verificou-se que a maioria dos beneficiários não utilizava fontes como a revista agrícola (100%), folhetos/folders (100%), SMS da KVK (100%), filmes sobre agricultura (100%), etc.

De um modo geral, verificou-se que os beneficiários mantinham contactos regulares com os funcionários do Panchayat para obter informações sobre o MGNREGA, que estão diretamente relacionados com a execução do regime. A maioria dos beneficiários também costumava obter informações sobre o MGNREGA através de folhetos, pastas, Internet e telemóvel. A maioria dos beneficiários não recorre aos meios de comunicação social para obter informações sobre o MGNREGA.

4.1.12 MOTIVAÇÃO ECONÓMICA

É óbvio que os beneficiários economicamente motivados estão mais orientados para a maximização do lucro da atividade profissional. Podem considerar o MGNREGA como uma fonte de ocupação e, por isso, podem ter melhores contactos com centros geradores de informação, bem como com agências de extensão, para obterem conhecimentos específicos sobre o novo regime e o utilizarem corretamente. Assim, a motivação económica é uma caraterística importante dos beneficiários, cujos dados são apresentados no Quadro 17 e representados graficamente na Fig.14

Quadro 17: Distribuição dos beneficiários em função da sua motivação **económica**

n=120

Sr.no.	Categoria	Frequência	Percentagem
1.	Baixo (até 19)	18	15.00
2.	Médio (20-26)	82	68.34
3.	Elevado (acima de 26)	20	16.66
Total		**120**	**100.00**
Média-23,05 DP- 3,38			

O quadro 17 mostra que mais de dois terços (68,34%) dos beneficiários tinham uma motivação económica média, enquanto 16,66% dos beneficiários tinham uma motivação económica elevada e 15,00% uma motivação económica baixa, respetivamente.

Pode inferir-se que a maioria dos beneficiários (83,34%) tinha um nível médio ou baixo de motivação económica. Os beneficiários selecionados para o estudo foram os beneficiários do MGNREGA que recebem um salário diário do MGNREGA e de outros trabalhos. A taxa de remuneração no MGNREGA é comparativamente mais baixa do que noutros trabalhos qualificados. Numa situação destas, em que os recursos são escassos, a maioria dos beneficiários poderia ter-se consolado com a ideia de que os seus esforços para ganhar mais dinheiro não seriam de grande ajuda e, por conseguinte, o seu nível de motivação económica teria sido mais baixo.

4.3 ATITUDE DOS BENEFICIÁRIOS EM RELAÇÃO AO MGNREGA

Para medir o grau de sentimentos positivos ou negativos dos beneficiários em relação ao MGNREGA, foi desenvolvida uma escala por Roy Jayanta et al. (2012).

No entanto, o procedimento de seleção das afirmações finais para medir a atitude dos beneficiários em relação ao MGNREGA foi aqui descrito com um exemplo e, finalmente, as afirmações selecionadas também foram apresentadas.

Os dados dos 75 juízes foram organizados na forma apresentada na Tabela 18. A tabela mostra a distribuição de frequências das apreciações efectuadas pelos juízes relativamente à afirmação n.º 15 em cinco categorias.

Quadro 18: Distribuição dos beneficiários de acordo com o seu nível de atitude em relação ao MGNREGA

N.º Sr.	Itens/ Indicador	SA	A	UDA	D	SD
01	O MGNREGA é eficaz no reforço da segurança dos meios de subsistência nas zonas rurais. (+)	51 (41.66)	27 (23.34)	15 (12.50)	19 (16.66)	07 (05.84)
02	Penso que a agricultura é o melhor ocupação para beneficiários do MGNREGA(+)	56 (46.66)	31 (25.84)	15 (12.50)	16 (13.34)	02 (01.66)
03	O MGNREGA reforça o empoderamento das mulheres nas zonas rurais (+)	64 (53.34)	25 (20.83)	15 (12.50)	13 (10.83)	03 (02.50)
04	Considero que não existe uma coordenação adequada entre o pessoal do programa e os beneficiários. (-)	72 (60.00)	23 (19.16)	13 (10.84)	09 (07.50)	03 (02.50)
05	O MGNREGA aumenta o poder de compra dos beneficiários. (+)	72 (60.00)	22 (18.33)	10 (08.33)	15 (10.00)	04 (03.34)
06	O MGNREGA é uma bênção para as populações rurais pobres. (+)	67 (55.84)	27 (22.50)	08 (06.66)	13 (10.83)	05 (04.17)
07	Considero que o MGNREGA é responsável pela escassez de mão de obra agrícola. (-)	70 (58.33)	22 (18.33)	17 (14.17)	10 (08.33)	01 (00.84)
08	Penso que o modo de pagamento do salário no MGNREGA não é correto. (-)	73 (60.84)	20 (16.66)	10 (08.33)	13 (10.84)	04 (03.33)
09	A execução do MGNREGA a nível das bases é ineficaz(-)	76 (63.33)	19 (15.84)	12 (10.00)	10 (08.33)	03 (02.50)
10	Não há discriminação no pagamento de salários a homens e mulheres no MGNREGA. (+)	83 (69.16)	14 (11.67)	07 (05.83)	10 (08.34)	06 (05.00)
11	O MGNREGA é melhor do que outros programas de emprego. (+)	58 (48.34)	31 (25.83)	14 (11.67)	15 (12.50)	02 (01.66)
12	Considero que o MGNREGA aumenta a corrupção nas zonas rurais. (-)	69 (57.50)	25 (20.84)	13 (10.83)	11 (09.17)	02 (01.66)
13	O MGNREGA não conseguiu evitar a migração das populações rurais. (-)	64 (53.33)	25 (20.84)	14 (11.66)	12 (10.00)	05 (04.17)

| 14. | O MGNREGA não é muito frutuoso devido ao seu modelo de trabalho ineficaz. (-) | 70 (58.34) | 22 (18.33) | 16 (13.33) | 09 (07.50) | 03 (02.50) |
| 15. | O MGNREGA ajuda os beneficiários a melhorar o seu estatuto socioeconómico. (+) | 88 (73.34) | 14 (11.66) | 05 (04.17) | 09 (07.50) | 04 (03.33) |

(Os números entre parêntesis indicam as percentagens)

SA = Concordo totalmente, **A** = Concordo, **UD** = Indeciso,

D = Discordo, **SD** = Discordo totalmente

      O quadro 18 mostra claramente que a maioria dos beneficiários, ou seja, 73,34%, parece ter uma atitude favorável em relação à afirmação de que o MGNREGA ajuda os beneficiários a melhorar o seu estatuto socioeconómico, enquanto apenas 07,50% dos beneficiários discordam desta afirmação. Verificou-se também que a maioria dos beneficiários, 69,16%, tem uma atitude favorável em relação à afirmação de que não há discriminação no pagamento de salários a homens e mulheres no MGNREGA. Verificou-se ainda que a maioria dos beneficiários, 63,33%, aceitou que a execução do MGNREGA ao nível das bases é ineficaz, enquanto 60,00% e 19,16% dos beneficiários concordaram e concordaram fortemente que sentem que não existe uma coordenação adequada entre o pessoal do programa e os beneficiários, respetivamente. Uma percentagem igualmente significativa, ou seja, 60,84% dos beneficiários, também considera que o modo de pagamento do salário no MGNREGA não é correto. 60,00% dos beneficiários têm uma atitude firme em relação ao facto de o MGNREGA aumentar o poder de compra, enquanto 10,00% dos beneficiários discordam desta afirmação,

      Também se observou que mais de metade dos beneficiários (58,33%) teve uma atitude favorável em relação à afirmação de que o MGNREGA é responsável pela escassez de mão de obra agrícola. Também se observou que 58,34% dos beneficiários afirmaram que o MGNREGA não é muito proveitoso devido ao seu padrão de trabalho ineficaz. Os beneficiários consideram que a agricultura é a melhor ocupação para o MGNREGA. 46,66% dos beneficiários concordam fortemente, seguidos de 25,84% que concordam com essa afirmação. A afirmação seguinte, segundo a qual o MGNREGA reforça o empoderamento das mulheres nas zonas rurais, é apoiada pela maioria dos 53,34% dos beneficiários, e o MGNREGA é uma bênção para a população rural pobre. A maioria dos 55,84% dos beneficiários apoia fortemente, 22,50% concordam e 10,83% negam o apoio à afirmação.

O MGNREGA é melhor do que outros programas de emprego. 48,34% dos beneficiários concordam fortemente e 12,50% discordam desta afirmação. A maioria dos beneficiários concorda que o MGNREGA falhou na prevenção da migração da população rural (57,50%) e 9,17% discordam desta afirmação.

Em média, verifica-se que os beneficiários têm uma atitude positiva em relação ao MGNREGA. Para pôr esta atitude em prática, o governo deve eliminar as presunções e realçar as necessidades dos beneficiários.

1.3.1   Nível de atitude

Os dados relativos à distribuição dos beneficiários de acordo com o seu nível de atitude em relação ao MGNREGA. Os dados a este respeito são apresentados no Quadro 19 e representados graficamente na Fig.15

Quadro 19: Distribuição dos beneficiários de acordo com a sua atitude em relação ao MGNREGA

N.º Sr.	Categoria	Beneficiários n=120	
		Frequência	Percentagem
1	Desfavorável (até 33,33)	00	00.00
2	Moderado (33,34 a 66,66)	71	59.16
3	Favorável(Acima de 66,66)	49	40.84
	Total	120	100.00

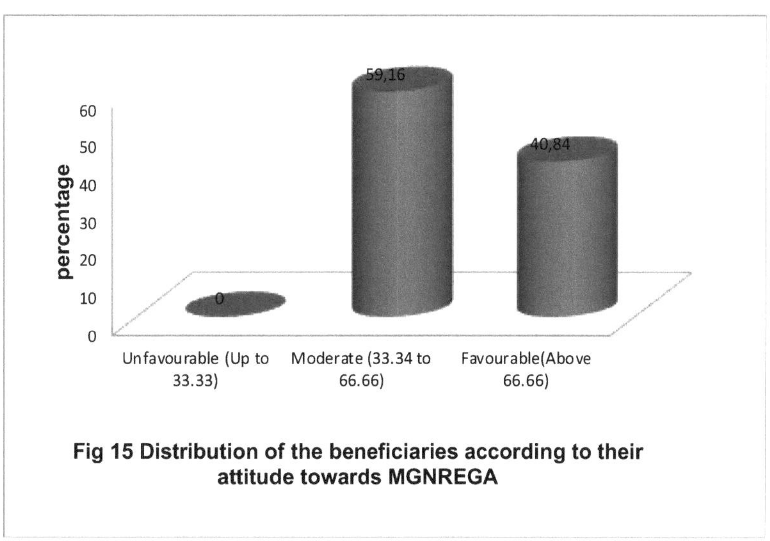

Fig 15 Distribution of the beneficiaries according to their attitude towards MGNREGA

O quadro 19 mostra que a maioria dos beneficiários, 59,16%, tinha uma atitude moderada em relação ao MGNREGA, enquanto 40,84% tinham uma atitude favorável em relação ao MGNREGA, respetivamente. Nenhum dos beneficiários se encontrava na categoria de atitude desfavorável.

Da discussão precedente, pode concluir-se que a grande maioria dos beneficiários, 100%, tinha uma atitude moderada a favorável em relação ao MGNREGA.

A perceção por parte dos beneficiários de que o MGNREGA é o principal recurso para sustentar as suas vidas e famílias pode tê-los tornado mais inclinados para o MGNREGA para ganhar mais. Esta pode ser a razão para o nível mais elevado de atitude favorável dos beneficiários em relação ao MGNREGA. Os resultados indicam que há margem para melhorar a atitude dos beneficiários em relação ao MGNREGA.

4.4 Relação entre o perfil dos beneficiários e a sua atitude em relação ao MGNREGA

Quadro 20: Relação entre o perfil dos beneficiários e a sua atitude em relação ao MGNREGA

N.º Sr.	Variáveis independentes	Coeficiente de correlação (valor "r")
1	Idade	0.0897^{NS}
2	Educação	0.2277^{*}

3	Casta	0.1734*
4	Tamanho da família	0.3234**
5	Tipo de família	-0.0284^{NS}
6	Ocupação	0.2275*
7	Exploração de terras	0.2313*
8	Rendimento anual	0.1856*
9	Participação social	0.2154*
10	Contacto de extensão	0.6374**
11	Fonte de informação	0.2271*
12	Motivação económica	0.2348**

* Significativo ao nível de 5% de probabilidade
** Significativo ao nível de 1% de probabilidade
NS= não significativo

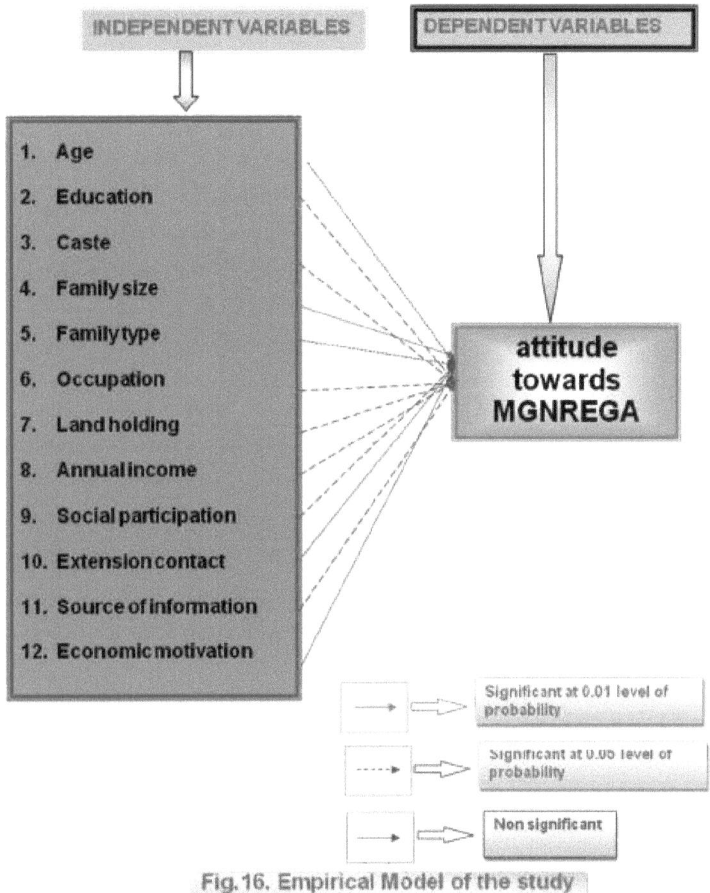

Fig.16. Empirical Model of the study

Palande e Tripathi (1990) verificaram que um grande número de beneficiários manifestou uma atitude favorável em relação ao IRDP.

A conclusão é parcialmente semelhante ao resultado de Uddin et al. (2008) e Ramjiyani (2013).

Para determinar a relação entre o perfil dos beneficiários e a sua atitude em relação ao MGNREGA, foi calculado o coeficiente de correlação. No total, foram estudadas doze caraterísticas pessoais, sociais, económicas, comunicacionais e psicológicas dos beneficiários. As correlações de ordem zero são apresentadas no Quadro 20.

4.4.1 Idade e atitude

Os dados apresentados no quadro 20 revelam que a idade tem uma correlação positiva e não significativa (r=0,0897NS) com a atitude dos beneficiários em relação ao MGNREGA. Pode concluir-se que "não existe qualquer relação entre a idade dos beneficiários e a sua atitude em relação ao MGNREGA". Isto indica que a atitude dos beneficiários não foi influenciada pela sua idade. Independentemente da sua idade, os beneficiários de todos os grupos etários (ou seja, jovens, médios e idosos) tinham uma atitude semelhante em relação ao MGNREGA.

4.4.2 Educação e atitude

O quadro 20 revela uma correlação positiva e significativa (r = 0,2277*) entre a educação dos beneficiários e a sua atitude em relação ao MGNREGA. "Existe uma relação positiva entre as habilitações literárias dos beneficiários e a sua atitude em relação ao MGNREGA". Os beneficiários, independentemente do seu nível de escolaridade, devem ter-se apercebido da importância do MGNREGA como o principal recurso para a sua subsistência. Esta pode ser a razão da associação significativa entre a educação e a atitude dos beneficiários em relação ao MGNREGA.

4.4.3 Casta e atitude:

Os dados apresentados no quadro 20 revelam que existe uma correlação positiva e significativa (r = 0,1734*) entre a casta dos beneficiários e a sua atitude em relação ao MGNREGA, o que indica que a atitude em relação ao MGNREGA é mais favorável entre as categorias SC/ST e OBC. Assim, os beneficiários da categoria ST/ST estariam mais satisfeitos. Por conseguinte, a atitude em relação ao MGNREGA entre as categorias SC/ST e OBC teria sido considerada comparativamente mais favorável do que as outras.

4.4.4 Dimensão e atitude da família

Os dados apresentados no quadro 20 ilustram que existe uma correlação positiva e altamente significativa (r = 0,3234**) entre a dimensão da família e a sua atitude em relação ao MGNREGA. Por conseguinte, "existe uma relação entre a dimensão da família dos beneficiários do MGNREGA e a sua atitude em relação ao MGNREGA".

4.4.5 Tipo de família e atitude

Os dados apresentados no quadro 20 mostram que o tipo de família dos beneficiários tem uma correlação negativa e não significativa (r = -0,028NS) com a sua atitude em relação à MGNREGA. Assim, o tipo de família não podia exercer influência na atitude dos beneficiários em relação ao MGNREGA. Por conseguinte, "não existe qualquer relação entre os tipos de família dos beneficiários do MGNREGA e a sua atitude em relação ao MGNREGA". A maioria dos beneficiários do MGNREGA pertencia a uma família nuclear.

4.4.6 Profissão e atitude

Os dados apresentados no Quadro 20 revelam que a profissão tem uma correlação positiva e significativa (r = 0,2275*) com a atitude em relação à MGNREGA. De acordo com o sistema de pontuação aplicado, é indicativo do facto de que, com a adição de outra ocupação ao MGNREGA, a atitude dos beneficiários em relação ao MGNREGA aumentou. Por conseguinte, "existe uma relação positiva e significativa entre a ocupação dos beneficiários do MGNREGA e a sua atitude em relação ao MGNREGA" e infere-se que a ocupação tem um papel vital na formação da sua atitude em relação ao MGNREGA. A associação significativa entre a ocupação e a atitude pode dever-se ao facto de que, com o aumento do envolvimento dos beneficiários noutras ocupações juntamente com o MGNREGA, a sua condição económica teria melhorado e, consequentemente, a sua atitude em relação ao MGNREGA também teria melhorado.

4.4.7 Posse de terra e atitude

Os dados apresentados no quadro 20 indicam que a posse de terras tem uma correlação positiva e significativa (r = 0,2313*) com a atitude dos beneficiários em relação ao MGNREGA. "Existe uma relação positiva e significativa entre a posse de terras dos beneficiários do MGNREGA e a sua atitude em relação ao MGNREGA". Como já foi referido, a maioria dos beneficiários não tinha terras e, para eles, o MGNREGA era a única ou a principal fonte de subsistência. Por conseguinte, a atitude em relação ao MGNREGA teria sido comparativamente mais favorável entre eles. Por conseguinte, pode concluir-se que a posse de terras teve uma influência significativa na atitude dos beneficiários em relação ao MGNREGA.

4.4.8 Rendimento anual e atitude:

A leitura do quadro 20 revela que a correlação entre o rendimento anual e a atitude dos beneficiários é positiva e significativa (r = 0,1856*). Isto indica que os beneficiários com um rendimento anual mais elevado tinham uma atitude mais favorável em relação ao MGNREGA. É bastante óbvio que um rendimento anual mais elevado permitiria à pessoa satisfazer as necessidades da família, a educação dos filhos, a saúde e outros fenómenos sociais. Isto, por sua vez, ajudaria a formar uma atitude favorável em relação ao MGNREGA.

4.4.9 Participação social e atitude

A análise do quadro 20 mostra claramente que a participação social tem uma correlação positiva e significativa ($r = 0,2154*$) com a sua atitude em relação ao MGNREGA. Isto significa que os beneficiários com maior participação social têm uma atitude mais favorável em relação ao MGNREGA. Devido à elevada participação social, a interação, a partilha de experiências e a troca de ideias e de informações com os outros podem ter aumentado, o que teria ajudado a cultivar uma atitude mais favorável entre os beneficiários em relação à MGNREGA.

4.4.10 Contacto e atitude da extensão

Os dados apresentados na Tabela 20 ilustram que existe uma correlação positiva e altamente significativa ($r = 0,6374**$) entre o contacto com a extensão e a sua atitude em relação ao MGNREGA. "Existe uma relação entre o contacto com a extensão dos beneficiários do MGNREGA e a sua atitude em relação ao MGNREGA". A associação significativa pode dever-se ao facto de a maioria deles, 75,00%, ter tido mais contactos com a extensão. Assim, pode concluir-se que o contacto com a extensão teve uma influência significativa na atitude dos beneficiários em relação ao MGNREGA.

4.4.11 Fonte de informação e atitude

Os dados apresentados no quadro 20 mostram que existe uma relação positiva e significativa ($r = 0,2271*$) entre a fonte de informação e a atitude dos beneficiários em relação ao MGNREGA. Isto significa que quanto maior for a utilização da fonte de informação pelos beneficiários, maior será a sua atitude favorável em relação ao MGNREGA. Por conseguinte, "existe uma relação positiva e significativa entre as fontes de informação dos beneficiários e a sua atitude em relação ao MGNREGA".

4.4.12 Motivação e atitude económica

Os dados apresentados no Quadro 20 mostram que existe uma relação positiva e altamente significativa ($r = 0,2348**$) entre a motivação económica e a atitude dos beneficiários em relação ao MGNREGA. Isto significa que quanto maior for a motivação económica dos beneficiários, maior será a sua atitude favorável em relação ao MGNREGA.

A razão provável pode ser que, na área de estudo, o MGNREGA era a principal/uma das principais fontes de subsistência e, por isso, os beneficiários que tinham uma maior motivação económica estavam mais inclinados a maximizar o rendimento do salário diário; isto tê-los-ia feito interessar-se cada vez mais pelo MGNREGA e, assim, teriam desenvolvido uma atitude mais favorável em relação ao MGNREGA. Assim, pode concluir-se que a motivação económica teve uma influência significativa na atitude dos beneficiários em relação ao MGNREGA.

4.5 Benefícios obtidos pelos beneficiários do MGNREGA

Os beneficiários do MGNREGA podem ter obtido muitos benefícios no âmbito do MGNREGA. A identificação de tais benefícios pode ajudar a impulsionar a implementação e a utilização efectiva do regime. Nesta perspetiva, foi pedido aos beneficiários que expressassem os benefícios obtidos através do MGNREGA. Foram calculadas a frequência e a percentagem de cada benefício. Os dados a este respeito são apresentados no quadro 21

Quadro 21: Benefícios obtidos pelos beneficiários do MGNREGA n=120

N.º Sr.	Benefícios	Frequência	Percentagem
1.	Criação de bens duradouros na aldeia, como estradas, canais, lagoas e poços, etc.	118	98.33
2.	Reforço da segurança dos meios de subsistência nas zonas rurais	112	93.33
3.	Boa educação para as crianças devido ao aumento do rendimento	110	91.66
4.	Elevação das castas e tribos catalogadas	101	84.16
5.	capacitação económica das mulheres	100	83.33
6.	Melhoria do nível de vida	98	81.66
7.	Proteção contra a discriminação e a exploração	92	76.66
8.	Redução da migração	90	75.00

| 9. | Aumento da transparência e da responsabilização graças à auditoria social | 80 | 66.66 |

Como se pode ver no quadro 21, os principais benefícios obtidos pelos beneficiários do MGNREGA foram os seguintes Criação de bens duradouros na aldeia, como estradas, canais, lagos e poços, etc, 98,33% Reforço da segurança dos meios de subsistência nas zonas rurais 93,33%, Boa educação das crianças devido ao aumento do rendimento 91,66%, Elevação das castas e tribos catalogadas 84,16%, Capacitação económica das mulheres 83,33%, Melhoria do nível de vida 81,66%, Proteção contra a discriminação e a exploração 76,66%, Redução da migração 75,00%, Aumento da transparência e da responsabilidade devido à auditoria social 66,66%.

4.6 Constrangimentos enfrentados pelos beneficiários do MGNREGA na utilização dos benefícios do regime

Podem existir muitos condicionalismos no percurso dos beneficiários do MGNREGA. Se esses constrangimentos forem identificados, podem ser tomadas medidas corretivas. Nesta perspetiva, foi pedido aos beneficiários que exprimissem os seus constrangimentos ao usufruírem das vantagens do MGNREGA. Foram calculadas a frequência e a percentagem de cada constrangimento. Os dados a este respeito são apresentados no quadro 22

Quadro 22: Constrangimentos enfrentados pelos beneficiários do MGNREGA na utilização dos benefícios do regime

n=120

N.º Sr.	Restrições	Frequência	Percentagem
1	O emprego de cem dias (por agregado familiar e por ano) é demasiado reduzido na situação atual	110	91.66
2	Falta de instalações médicas perto do local de trabalho	95	79.16
3	O trabalho contínuo não é assegurado	85	70.83

4	Baixa taxa salarial	80	66.66
5	Atraso no pagamento dos salários	77	64.16
6	Não disponibilidade de pessoal de apoio	76	63.33
7	O mesmo salário é atribuído a todos os tipos de trabalho	73	60.83
8	O subsídio de desemprego não está previsto em caso de atraso no emprego	71	59.16
9	Dificuldades em retirar o pagamento do banco	68	56.66
10	Os salários não são pagos de acordo com a lei MGNREGA	62	51.66

Como se pode ver no Quadro 22, os beneficiários enfrentaram uma série de dificuldades, tendo-se observado que os principais constrangimentos enfrentados pelos beneficiários do MGNREGA no MGNREGA foram os seguintes O emprego de cem dias (por agregado familiar e por ano) é demasiado reduzido na situação atual 91,66%, falta de instalações médicas perto do local de trabalho 79,16%, não é fornecido trabalho contínuo 70,83%, baixa taxa salarial 66,66% A mesma taxa salarial é fornecida para todos os tipos de trabalho 60.83%, não é concedido subsídio de desemprego em caso de atraso no trabalho 59,16%, os salários não são pagos de acordo com a lei MGNREGA 51,66%, atraso no pagamento dos salários 64,16%, não há pessoal de apoio disponível 63,33%.

Gladson (2008) observou que a escala das obras do NREGS era inadequada, que havia atrasos nos pagamentos dos salários, que faltavam instalações básicas como água, sombra, primeiros socorros e cuidados infantis, que tinham sido prometidos ao abrigo da lei.

Os funcionários e os intermediários criavam muitas vezes listas de chamada com nomes fictícios e apropriavam-se indevidamente dos fundos.

Argade (2010) constatou que os constrangimentos enfrentados pelos beneficiários selecionados durante o trabalho - para superar os problemas operacionais sentidos por eles durante a implementação do NREGS - foram o pagamento atempado dos salários (94,44%), seguido do pagamento dos salários em dinheiro e em grãos (84,44%), o cumprimento da garantia de emprego de 100 dias (82,22%), a atribuição atempada do trabalho (36,67%), o pagamento de salários adicionais para o local de trabalho de longa distância (34,44%)

Harish *et al.* (2010) sugeriram que a garantia de emprego de 100 dias ao abrigo do MGNREGA fosse limitada estritamente ao mês em que não há atividade de colheita ou sementeira.

Shubhangi parsuramkar (2013) atraso no pagamento dos salários (93,75%), dificuldades no levantamento do pagamento junto do banco (41,25), falta de orientação técnica (86,25%), conflitos entre os beneficiários (33,44%), falta de conhecimentos (68,78%), indisponibilidade de trabalho assegurado (80,31%), indisponibilidade de pessoal de apoio (29,69%), desconhecimento das facilidades de desemprego (12,50%), indisponibilidade de instalações no local de trabalho (10%).

4.7 Sugestões para melhorar a aplicação da Lei Nacional de Garantia do Emprego Rural de Mahatma Gandhi.

Foram calculadas a frequência e a percentagem para cada sugestão. Os dados a este respeito são apresentados no Quadro 23

Quadro 23: Sugestões para melhorar a aplicação da Lei Nacional de Garantia do Emprego Rural de Mahatma Gandhi

Sr. nº.	Sugestões	Frequência	Percentagem
1	Trabalho autorizado na época baixa	112	93.33
2	Os atrasos e as recusas no pagamento dos salários são a principal preocupação que tem de ser resolvida".	87	72.50
3	Proporcionar oportunidades de emprego a mão de obra qualificada	85	70.83
4	O aumento do pagamento dos salários deve ser o principal fator para o êxito da aplicação do regime	80	65.00
5	Salientaram a necessidade de abordar a questão da corrupção no regime	76	63.33
6	Utilização de um sistema biométrico e colaboração com a UIAID para fornecer códigos de identidade únicos às populações rurais pobres.	73	60.83
7	O trabalho deve estar relacionado com o sector da agricultura e domínios conexos	70	58.33

8	Exigiu que a auditoria social no gram panchayat fosse efectuada por terceiros,	67	55.83
9	A questão do alargamento do âmbito dos trabalhos no âmbito do MGNREGA pode ser abordada	64	53.33
10	O trabalho principal que deve ser efectuado manualmente tem de ser feito manualmente e não por máquinas.	62	51.66

Os beneficiários do MGNREGA sugeriram que "os atrasos e as recusas no pagamento dos salários são a principal preocupação que tem de ser resolvida" (72,50%). Sublinharam a necessidade de resolver a questão da corrupção no âmbito do regime (63,33%), a utilização de um sistema biométrico e a colaboração com a UIAID para fornecer códigos de identidade únicos aos pobres das zonas rurais (60,83%). Exigiram que a auditoria social no gram panchayat fosse efectuada por terceiros (55,83%), manifestaram a sua preocupação com os atrasos no pagamento dos salários e pediram que fosse resolvida a questão do alargamento do âmbito dos trabalhos no âmbito do MGNREGA (55,33%). Os principais trabalhos que devem ser efectuados manualmente devem ser efectuados manualmente e não por máquinas (51,66%). Proporcionar oportunidades de emprego à mão de obra qualificada (70,83%), bem como à mão de obra não qualificada.

A principal sugestão dada pelos beneficiários é que o trabalho deve ser dado na época baixa, quando não há trabalho agrícola (93,33%). Desta forma, os beneficiários poderiam obter mais trabalho com o MGNREGA. Os beneficiários também sugeriram que se derivasse o âmbito do trabalho para trabalhadores qualificados no seu domínio específico.

O inquérito revela igualmente que, na perceção dos beneficiários, o número de dias de trabalho que obtiveram foi muito inferior aos 100 dias a que tinham direito. Este facto leva a que as pessoas percam a confiança no MGNREGA e optem por outras obras privadas onde é mais provável que haja trabalho regular.

Argade (2010) sugeriu que as sugestões dadas pelos beneficiários selecionados durante o trabalho para ultrapassar os problemas operacionais sentidos por eles durante a implementação do NREGS foram o pagamento atempado dos salários (94,44%), seguido do pagamento dos salários em dinheiro e em cereais (84,44%), o cumprimento da garantia de emprego de 100 dias (82,22%), a atribuição atempada de trabalho (36,67%), o pagamento de salários extra para locais de trabalho de longa distância (34,44%).

Harish *et al.* (2010) sugeriram que a garantia de emprego de 100 dias ao abrigo do MGNREGA fosse limitada estritamente ao mês em que não há atividade de colheita ou sementeira.

Shubhangi parsuramkar (2013) o estudo relatou que o programa MGNREGA possui frequentemente o problema da escassez de mão de obra para algumas das operações agrícolas, como consequência o agricultor tem de fazer operações com máquinas e mão de obra idosa devido ao aumento do custo do cultivo, daí os agricultores sugerirem que os 100 dias de garantia de emprego ao abrigo do MGNREGA sejam confinados estritamente ao mês em que não há transporte, colheita e debulha.

CAPÍTULO V

RESUMO E CONCLUSÕES

Neste capítulo, é apresentada uma descrição sucinta do presente estudo no que diz respeito ao resumo, aos principais resultados, às conclusões, às implicações e às sugestões para investigação futura.

5.1 Resumo:

O principal objetivo do governo da Índia é alcançar a justiça social e o crescimento económico. Neste contexto, o governo tem vindo a planear e a executar uma série de programas de desenvolvimento rural desde a independência. No entanto, tornou-se claro que estes programas não conseguiram realizar plenamente as mudanças desejadas nas condições sociais e económicas das massas rurais. Neste contexto, foi criado o regime nacional de garantia do emprego rural de Mahatma Gandhi (MGNREGS).

A Lei Nacional de Garantia do Emprego Rural de Mahatma Gandhi, de 2005 (NREGA), garante 100 dias de emprego num ano financeiro a qualquer agregado familiar rural cujos membros adultos estejam dispostos a fazer trabalho manual não qualificado. A lei foi inicialmente promulgada em 200 distritos, tendo sido gradualmente alargada a outras zonas notificadas pelo Governo Central. Atualmente, a NREGA, rebaptizada MGNREGA (Mahatma Gandhi National Rural Employment Guarantee Act), abrangeu todo o país nos cinco anos seguintes à sua promulgação.

O MGNREGA é um regime baseado em direitos implementado pelo governo com o objetivo de aumentar a segurança dos meios de subsistência da população rural. Trata-se de um programa holístico que engloba oportunidades de emprego, a emancipação das mulheres e a criação de bens duradouros para a comunidade. Foi adotado principalmente para controlar a migração de jovens rurais em busca de emprego na cidade durante a época baixa. Por conseguinte, o regime é vital para a promoção das populações pobres e dos jovens rurais através da criação de emprego. Por conseguinte, é essencial que seja devidamente utilizado.

Neste contexto, o estudo sobre a atitude dos beneficiários em relação ao MGNREGA é essencial, pois revela os factos, a forma como as pessoas se sentem em relação ao regime e como a sua atitude pode ser moldada para aproveitar os benefícios do regime. Foi neste contexto que se realizou o presente estudo, intitulado "Attitude of Beneficiaries towards Mahatma Gandhi National Rural Employment Guarantee Act".

5.2 Objectivos do estudo:

1. Estudar o perfil dos beneficiários.

2. Estudar a atitude dos beneficiários em relação ao MGNREGA.

3. Estudar a relação entre as caraterísticas selecionadas dos beneficiários e a sua atitude.

4. Estudar os condicionalismos enfrentados pelos beneficiários e obter as suas sugestões para uma melhor aplicação do regime.

5.3 Metodologia:

O presente inquérito foi efectuado no distrito de Wardha, no estado de Maharashtra. O distrito de Wardha é composto por oito talukas, das quais foram selecionadas para o estudo duas talukas, *nomeadamente Wardha e Hinganghat*: Wardha e Hinganghat foram selecionadas para o estudo. De cada taluka selecionada, foram escolhidas aleatoriamente cinco aldeias. Doze beneficiários foram selecionados aleatoriamente como inquiridos em cada aldeia selecionada. Assim, a dimensão da amostra era de 120 inquiridos.

As variáveis independentes utilizadas neste estudo foram: idade, educação, casta, tamanho da família, tipos de família, participação social, posse de terra, rendimento anual, ocupação, motivação económica, contacto com a extensão, fonte de informação, enquanto a variável dependente escolhida para efeitos do estudo foi a atitude dos beneficiários em relação ao MGNREGA.

As variáveis independentes foram medidas utilizando escalas e procedimentos adequados adoptados por vários investigadores, com as devidas alterações, enquanto que, para medir a variável dependente, a escala foi desenvolvida por Roy Jayanta et al. O programa da entrevista foi preparado na língua local à luz dos objectivos do estudo e foi pré-testado. Com base no pré-teste, foram introduzidas no programa final as alterações adequadas. Os dados deste estudo foram recolhidos através de uma entrevista pessoal com todos os 120 inquiridos das duas talukas selecionadas. Os dados assim recolhidos foram classificados, tabulados e analisados de modo a tornar as conclusões significativas. Foram utilizadas medidas estatísticas como a média, a percentagem, o qui-quadrado e o coeficiente de correlação.

5.4 Principais conclusões

As principais conclusões do estudo são as seguintes

1.4.1   Perfil dos beneficiários:

1. Mais de metade (58,34%) dos inquiridos pertenciam à faixa etária média (36 a 50 anos), seguidos de pouco mais de um terço (22,50%) na categoria dos jovens, ou seja, até aos 35 anos de idade, e apenas 19,16% dos inquiridos pertenciam à categoria dos idosos (mais de 50 anos).

2. Um pouco menos de um décimo (06,66%) dos beneficiários do MGNREGA eram analfabetos, seguidos de um pouco mais de um quarto (22,50%) e um quinto (07,50%) que possuíam o ensino secundário e o ensino primário, respetivamente. A maioria dos beneficiários, 41,66%, possuía o ensino secundário, enquanto 03,34% possuíam o ensino superior.

3. 35,00 por cento dos beneficiários pertenciam a uma casta ou tribo da lista, enquanto 49,16 por cento dos beneficiários do MGNREGA pertenciam a outras classes mais atrasadas e 15,84 por cento a uma casta geral, respetivamente.

4. Mais de metade (55,84%) dos beneficiários pertenciam a uma família de dimensão média e 24,16% dos beneficiários tinham uma família de dimensão pequena. Os restantes 20,00 por cento tinham uma família numerosa.

5. Menos de três quartos (72,50%) dos beneficiários pertenciam a uma família de tipo nuclear e os restantes 27,50% pertenciam a uma família de tipo misto.

6. Apenas 10,83% dos beneficiários dependiam exclusivamente do MGNREGA para a sua subsistência, enquanto 57,50% dependiam do MGNREGA + trabalho. Além disso, 12,50% e 19,17% dos beneficiários estavam envolvidos no MGNREGA + trabalho agrícola + criação de animais e no MGNREGA + agricultura + criação de animais + outros, respetivamente, para a sua subsistência.

7. Metade (50,84%) dos beneficiários pertenciam à categoria de pequenos e semi-médios proprietários de terras, enquanto 28,34% e 04,16% pertenciam à categoria de proprietários de terras marginais e médios, respetivamente. Os 16,66% dos beneficiários não possuem terras, pelo que dependem inteiramente do MGNREGA e de outros trabalhos.

8. Cerca de metade (50,83%) dos beneficiários tinha um rendimento anual entre 50 001 e 1 000 000 euros, seguidos de 38,34% e 10,83% com um rendimento anual entre 20 001 e 50 000 euros e até 20 000 euros, respetivamente. Assim, pode concluir-se que a maioria dos beneficiários, 50,83%, tinha um rendimento anual de 50 001 a 1 000 000 euros.

9. A maioria dos beneficiários (61,66%) recorreu a uma participação social média, enquanto 20,00 por cento e 18,34 por cento estavam na categoria de participação social baixa e alta, respetivamente

10. Dois terços (66,66%) dos inquiridos tinham um nível médio de contacto com a extensão, enquanto 18,34% deles tinham um nível baixo de contacto com a extensão. Além disso, 15,00 por cento dos inquiridos tinham um nível elevado de contacto com a extensão.

11. Mais de dois terços (70,00%) dos inquiridos utilizaram fontes de informação médias, enquanto 19,16% e 10,84% estavam na categoria de utilização baixa e alta de fontes de informação, respetivamente.

12. A maioria dos 68,34% dos beneficiários do MGNREGA tinha uma motivação económica média, enquanto 15,00% dos beneficiários tinham uma motivação económica baixa, seguidos de 16,66% com uma motivação económica elevada, respetivamente.

5.4.2 Escala para medir a atitude dos beneficiários do MGNREGA em relação ao MGNREGA.

A escala desenvolvida por Roy Jayanta et al.(2012) foi utilizada para medir a atitude dos beneficiários em relação ao MGNREGA. No formato final da escala de atitudes, foram utilizadas quinze afirmações, uma vez que havia uma forte concordância ou discordância entre elas. A escala foi considerada fiável e válida.

5.4.3 Atitude dos beneficiários em relação ao MGNREGA.

A maioria (59,16%) dos beneficiários teve uma atitude moderada em relação ao MGNREGA, enquanto 40,84% tiveram uma atitude favorável. Ninguém teve uma atitude desfavorável em relação ao MGNREGA.

5.4.4 Relação entre as variáveis independentes e a atitude dos beneficiários em relação ao MGNREGA

O resultado da análise relacional indica claramente que as caraterísticas selecionadas dos beneficiários do MGNREGA, observa-se que, das doze variáveis independentes, dez variáveis, *nomeadamente, educação, casta, posse de terra, participação social, rendimento anual, ocupação, fonte de informação,* estão positiva e significativamente correlacionadas com a atitude em relação ao MGNREGA ao nível de 0,05% de probabilidade.Outras variáveis, como o tamanho da família, o contacto com a extensão e a motivação económica, estavam positiva e significativamente correlacionadas com a atitude em relação ao MGNREGA a um nível de probabilidade de 0,01%, enquanto a idade tinha uma correlação positiva e não significativa com a atitude em relação ao MGNREGA. A caraterística restante, o tipo de família, não conseguiu estabelecer uma relação significativa com a atitude dos beneficiários em relação ao MGNREGA.

5.4.5 Benefícios obtidos pelos beneficiários do MGNREGA

Os principais benefícios obtidos pelos beneficiários do MGNREGA foram os seguintes: reforço da segurança dos meios de subsistência nas zonas rurais (93,33%), melhoria da situação das castas e tribos classificadas (84,16%), redução da migração (75,00%), reforço da capacidade económica (83,33%), boa educação das crianças devido ao aumento dos rendimentos e à melhoria do nível de vida (91,66%). Criação de bens duradouros nas aldeias, como estradas, canais, lagos e poços, etc. (98,33%), proteção contra a discriminação e a exploração (76,66%), aumento da transparência e da responsabilidade graças à auditoria social (66,66%).

5.4.6 Constrangimentos enfrentados pelos beneficiários do MGNREGA

Major constraints faced by beneficiaries in MNREGA were: employment of hundred days (per household per year) is too less in the present situation (91.66%), lack of medical facilities near the work site (79.16%), Continuous work is not provided (70.83%), low wage rate (66.66%), Delay in payment of wages (64.16%), indisponibilidade de pessoal de apoio (63,33%), a mesma taxa salarial é dada para todos os tipos de trabalho (60,83%), o subsídio de desemprego não é concedido em caso de atraso no emprego (59,16%), dificuldades no levantamento do pagamento do banco (56,66%), os salários não são fornecidos de acordo com a lei MGNREGA (51,66%),

5.4.7 Sugestões para melhorar a aplicação da Lei Nacional de Garantia do Emprego Rural de Mahatma Gandhi

Os beneficiários do MGNREGA sugeriram que "os atrasos e as recusas no pagamento dos salários são a principal preocupação que tem de ser resolvida" (72,50%). Salientaram a necessidade de resolver a questão da corrupção no âmbito do regime (63,33%), a utilização de um sistema biométrico e a colaboração com a UIAID para fornecer códigos de identidade únicos aos pobres das zonas rurais (60,83%). Exigiram que a auditoria social no gram panchayat fosse efectuada por terceiros (55,83%), que a preocupação com os atrasos no pagamento dos salários e a questão do alargamento do âmbito das obras no âmbito do MGNREGA fossem resolvidas (53,33%). O trabalho principal, que deveria ser efectuado manualmente, tem de ser feito manualmente e não com máquinas (51,66%).

A principal sugestão dada pelos beneficiários foi a suspensão temporária dos trabalhos do MGNREGA durante a época alta da agricultura (93,33%). Desta forma, os beneficiários teriam mais trabalho disponível para além do MGNREGA. Os beneficiários também sugeriram que se derivasse o âmbito de trabalho para trabalhadores qualificados no seu domínio específico (70,83%).

O inquérito revela igualmente que, na perceção dos inquiridos, o número de dias de trabalho que obtiveram foi muito inferior aos 100 dias a que tinham direito (80,00%). Este facto leva a que as pessoas percam a confiança no MGNREGA e optem por outros trabalhos privados, onde é mais provável que haja trabalho regular.

5.5.8 Conclusões:

1. A maioria dos beneficiários pertencia à faixa etária média, era alfabetizada ou tinha até ao ensino secundário, tinha uma família de tipo médio e nuclear e pertencia às categorias OBC/outros e SC & ST.

2. A maioria dos beneficiários pertencia a uma ou mais organizações sociais, tinha um rendimento anual entre 50 001 e 1 000 000 dólares e era marginal ou possuía uma propriedade média ou semi-média.

3. Para a maioria dos beneficiários, o MGNREGA, por si só, ou o MGNREGA, para além do trabalho, era a principal ocupação.

4. Os beneficiários participam maioritariamente em organizações informais, pelo que a sua participação social é de nível médio.

5. Os beneficiários tinham uma motivação económica média e um elevado contacto com a extensão.

6. A maioria dos beneficiários tinha uma atitude moderada a favorável em relação ao MGNREGA.

7. Das doze variáveis independentes, dez variáveis, *nomeadamente a educação, a* casta, a dimensão da família, a participação social, a propriedade fundiária, o rendimento anual, a ocupação, a fonte de informação, o contacto com a extensão e a motivação económica, revelaram uma influência significativa na sua atitude em relação ao MGNREGA, ao passo que a idade e o tipo de família não revelaram qualquer influência significativa na sua atitude em relação ao MGNREGA.

8. Os principais benefícios obtidos pelos beneficiários do MGNREGA foram os seguintes: reforço da segurança dos meios de subsistência nas zonas rurais, elevação das castas e tribos classificadas, redução da migração rural-urbana, reforço económico das mulheres e boa educação das crianças devido ao aumento do rendimento.

9. Os principais constrangimentos enfrentados pelos beneficiários do MGNREGA foram: o emprego de cem dias (por agregado familiar e por ano) é demasiado reduzido na situação atual, a falta de instalações médicas perto do local de trabalho, o subsídio de desemprego não é concedido em caso de atraso no emprego, o trabalho contínuo não é concedido, a mesma taxa salarial é dada para todos os tipos de trabalho e o atraso na emissão do cartão de emprego.

CAPÍTULO VI

IMPLICAÇÕES

As implicações decorrentes dos resultados do presente estudo. A "Atitude dos beneficiários em relação à lei nacional de garantia do emprego rural de Mahatma Gandhi" é apresentada nesta secção. As implicações são apresentadas em duas partes: a primeira está relacionada com as implicações para a ação, enquanto a segunda trata das implicações para o futuro trabalho de investigação. Com base nas conclusões do presente estudo, são apresentadas as seguintes sugestões sob a forma de implicações.

Apesar da investigação, foram definidas algumas aplicações para a ação e a investigação. As aplicações são de importância vital e, por isso, merecem a atenção imediata dos decisores políticos, do governo e dos administradores de investigação e extensão neste domínio. As implicações resultantes das conclusões do presente estudo são apresentadas a seguir

A. Implicações para a ação

1. O estudo revelou que a casta, a participação social, a posse de terras, o rendimento anual, a ocupação e a motivação económica estavam significativamente relacionados com a atitude dos beneficiários em relação ao MGNREGA. Sempre que possível, estas caraterísticas podem ser manipuladas de modo a tornar mais favorável a atitude dos beneficiários que têm uma atitude menos favorável.

2. Além disso, podem também ser feitos esforços para manter o estatuto dos beneficiários que já têm uma atitude mais favorável em relação ao MGNREGA; esses beneficiários podem ser utilizados pelas agências de extensão para convencer os outros beneficiários a saber mais sobre o MGNREGA.

3. Os beneficiários exprimiram alguns condicionalismos que os impedem de beneficiar do MGNREGA. Devem ser envidados esforços para reduzir a magnitude desses condicionalismos.

B. Implicações para futuras recomendações do estudo

4. Durante o período da entrevista pessoal, observou-se de perto que as beneficiárias concebidas lutam arduamente nos trabalhos do MGNREGA devido a constrangimentos financeiros na sua família, sem cuidar da sua saúde. Assim, o governo pode introduzir uma disposição/alteração que preveja que as beneficiárias do MGNREGA recebam metade do montante na sua ausência durante o período de maternidade, através do depósito direto do montante na sua conta. Isto ajuda a beneficiária por razões humanitárias, o que lhe dá coragem e inspira outros beneficiários a participarem ativamente no programa.

5. As conclusões do estudo revelaram que os problemas mais importantes com que se depararam os beneficiários do MGNREGA foram a ausência de uma pessoa para cuidar dos filhos dos beneficiários no local de trabalho, o atraso no pagamento dos salários, a falta de trabalho contínuo, o atraso na emissão do cartão de trabalho, a falta de instalações no local de trabalho e a falta de 100 dias de emprego. Por conseguinte, a agência de execução do MGNREGA deve introduzir as alterações necessárias no programa para ultrapassar os problemas acima referidos. Para que os trabalhadores possam trabalhar no programa com orgulho e prestígio.

6.1 Sugestões para trabalhos de investigação futuros

O presente estudo lançou luz sobre alguns dos novos domínios em que podem ser realizados futuros trabalhos de investigação, que são os seguintes

1. Este tipo de estudo deve ser efectuado em diferentes zonas para avaliar a atitude dos beneficiários em relação ao MNREGA.

2. O domínio de investigação deve ser alargado a um grande número de beneficiários para se poderem tirar conclusões válidas.

3. Algumas outras caraterísticas dos inquiridos, para além das incluídas neste estudo, podem estar a afetar a sua atitude em relação ao MNREGA; essas caraterísticas devem ser identificadas e estudadas.

4. Este estudo deve ser repetido após algum tempo com uma amostra de grande dimensão para aumentar a sua validade

CAPÍTULO VII

LITERATURA CITADA

Ahuja, U.R., Tayagi, D. e Chauhan, S. Choudhary, K.R. (2011). Impact of MGNREGA on Rural Employment and Migration: A Study in Agriculturally-backward and Agriculturally-advanced Districts of Haryana. Agricultural Economics Research Review .Vol. 24 pp 495-502.

Anil Kumar, et al, (2012) The impact of MGNREGA scheme on rural and urban migration in rural economy with special reference to Gulbarga district in Karnataka state. Jornal de investigação sobre fluxos indianos. 2(1) 1-4.

Anitha, B., (2004), A study on entrepreneurial behaviour and market participation of farm women in Bangalore rural district of Karnataka. Tese de Mestrado (Agri.) (Unpub.), Univ. Agril. Sci., Bangalore

Annu Devi Gora (2016) Um estudo sobre a satisfação no trabalho e os problemas percebidos pelas trabalhadoras da MGNREGA no distrito de Jaipur, Rajastão M.Sc agri (Unpub.) S.K.N. Agriculture University Jobner- 303 329.

Anónimo (2010) relatório do comissário, departamento de desenvolvimento rural, sobre o impacto do NREGS no consumo alimentar dos beneficiários e na educação dos seus filhos. www.nrega.nic.in

Argade, S.A. (2010) Um estudo sobre a Lei Nacional de Garantia do Emprego Rural no distrito de Thane, Maharashtra. Tese de Mestrado (Ag.) (Uupub) da Universidade Agrícola Achary N. G. Ranga, Hydrabad (A.P.)

Arulprakash, R., (2004), Analysis of Swarna Jayanthi Grama Swarazgar Yojana in Salem and Thiruvallur district of Tamilnadu. Tese de Mestrado (Agri.) (Unpub.), Univ. Agril. Sci., Dharwad

Badodiya, S. K., Tomar, S., Patel, M.M., e Daipuria, O.P., (2012) "Impact of Swarnajayanti Gram Swarozgar Yojana on Poverty Alleviation" Indian Res. J. Ext. Edu. 12 (3): 37-41.

Bannerjee, H. (2009). NREGA: Um estudo nas Ilhas Andaman e Nicobar. Kurukshetra. 58(2): 23-26.

Bhagat, P.R., (2005). "Indigenous and Scientific Knowledge of farmer about various uses of neems in Anand taluka of Gujarat", M.Sc. (Agri.) Thesis (Unpub.), Anand Agriculture University, Anand.

Bhati, Gordhan Singh, Ram, Kesha e Patel, Sunil R. (2016). Atitude dos beneficiários em relação ao Programa da Lei Nacional de Garantia do Emprego Rural de Mahatma Gandhi. Agric. Update, 11(2): 118-123

Bhosale, U.S., (2010). "Participation of rural youth in paddy farming in Anand district of Gujarat state", M.Sc. (Agri.) Thesis (Unpub.), AAU, Anand.

Biradar, B, N. (2008) Um estudo do impacto das actividades geradoras de rendimento na subsistência rural sustentável dos beneficiários do projeto KAWADA. Tese de doutoramento (Unpub.), univ. agri. Sci. Dharwad.

Bishnoi , S., Rampal, V.K. e Meena, H.R. (2015). Constrangimentos experimentados pela força de trabalho feminina no MNREGA em Punjab e Rajasthan, Índia. Indian Journal of Agricultural Research.Volume:49, Issue: 3 pp 286-289.

Chavai, A.M., (2000). "Um estudo comparativo dos beneficiários e não beneficiários do TRYSEM em Kagal taluka do distrito de Kolhapur". Tese de Mestrado (Agri.), Mahatma Phule Krishi Vidypeth, Rahuri, Maharastra.

Controlador e Auditor Geral (2007), "Performance Audit of Implementation of National Rural Employment Guarantee Act, 2005 (NREGA)", projeto de relatório, Nova Deli.

Datt, R. (2008). Dismal Experience of NREGA: Lessons for the Future-Mainstream weekly 17: 1-6.

Deshmukh, P. R. (2009) participation of youth in rural development. Revista de investigação PKV, 33 (1). 36-39.

Gajre, B. M., (1997), A study of role perception and performance of Gram Panchyat members from Haveli taluka of Pune district. Tese de Mestrado (Agri.), Mahatma Phule Krish Vidyapeeth, Rahuri.

Garg S.K., Badodiya, S.K., Daipuria, O.P., e Rawat, U. (2012) "Impact of Swarnajayanti Gram Swarozgar Yojna on Poverty Alleviation in Morar Block of Gwalior District" Ind. Res. J. Ext. Edn., Edição Especial (I), 189-191.

Garg, N. e Yadav. H. R., (2010), Appraisal of Community Development Programme (MGNREGA) in Rewari district. Revista Internacional de Investigação Referida. 1: 36-37.

Gladson, D. 2008 Plougher Cut-impact of NREGA Tehelka magazine.5(37): 12-13.

Guha e Mazumder (2015) Analysing the socio-personal and economic profile of MGNREGA beneficiaries in Cooch Behar district, West Bengal International Journal of Farm Sciences 5(4) : 315-319, 2015.

Gulkari, K.D., (2011). "Atitude dos beneficiários em relação à Missão Nacional de Horticultura", Tese de Mestrado (Agri.), Universidade Agrícola de Anand, Anand.

Harish, B.G., (2010), Uma análise do impacto económico do MGNREGA no distrito de Chikmagalur de Karnataka. Tese de Mestrado (Agri.) (Unpub.), Univ. Agril. Sci., Bangalore.

Jayanta Roy, (2012), Análise de impacto do Programa Nacional de Garantia de Emprego Rural Mahatma Gandhi no distrito de Dhalai, Tripura. Tese de doutoramento (Agri.) (Unpub.), Univ. Agril. Sci., Bangalore.

Kalakanavar, G., (1999), desempenho de funções e identificação das necessidades de formação das mulheres membros de panchayat. Tese de Mestrado. Univ. Agric. Sci., Dharwad.

Kashem, M. A. e Momun-ur-Rashid, M. R. (2005). Usefulness of training received by the youths (Utilidade da formação recebida pelos jovens). J. Agril. and Rural Develpoment, 3(1/2), 137-142.

Kumar, A., Singh, P. e Dipak de (2010). The Perceived Problems and Suggestions of Mahatma Gandhi National Rural Employment Guarantee Scheme Beneficiaries (Os Problemas Percebidos e as Sugestões dos Beneficiários do Programa Nacional de Garantia de Emprego Rural Mahatma Gandhi). Journal of Global Communication. Vol. 8, No. 2, Pp: 166-170.

Kyatanagoudar, S.B. (2011). Knowledge and attitude of rural people about National Rural Employment Guarantee Scheme (NREGS), Dissertação de Mestrado (Ag.), Universidade de Ciências Agrícolas, Dharwad, M.S. (ÍNDIA).

Lyndem, L. (2014). "Atitude dos estudantes do ensino politécnico em relação à agricultura como ocupação", Tese de Mestrado (Agri.), Universidade Agrícola de Anand, Anand.

Meshram, P., (2006). "Attitude of beneficiaries to Swarna Jayanti swarojgar yojana", Ind. Res. J. Ext. Edn., 6(3):1-3

Ministério do Desenvolvimento Rural (2012), Mahatma Gandhi National Rural Employment Guarantee Act, (2005), Relatório ao Povo, 2 de fevereiro de 2013. Ministério do Desenvolvimento Rural, Departamento de Desenvolvimento Rural, Governo da Índia, Nova Deli. www.nrega.nic.in

Ministério do Desenvolvimento Rural, Mahatma Gandhi NREGA-Report to the People, (2013) Governo da Índia, Nova Deli.

MoRD (2012, 2010). MGNREGA, (2005): Report to the People. Ministério do Desenvolvimento Rural, Governo da Índia. Acedido em 21 de maio de 2014 a partir de http://nrega.nic.in/ circular/People_Report.html

Narayanan, S., Ranaware, K. e Kulkarni, A. (2014). MGNREGA funciona e seus impactos Uma avaliação rápida em Maharashtra. Instituto Indira Gandhi de Investigação para o Desenvolvimento (IGIDR), General Arun Kumar Vaidya Marg Goregaon (E), Mumbai- 400065, Índia.

NREGA (2005). A Lei Nacional de Garantia do Emprego Rural. Acedido em 21 de maio de 2014 a partir de http://nrega.nic.in/rajaswa.pdf

Olujide, M. G. (2008) Attitude of youth towards rural development projects in logos state, Nigeria. J. soc. Sci. 17(2),163-167.

Pakhmode P.S. (2017) Atitude dos jovens rurais em relação à agricultura como uma ocupação principal International Journal of Chemical Studies 2018; 6(1): 1735-1738.

Palande D.N. & Tripathi S.C. (1990) Attitude study of IRDP beneficiaries. Maharashtra J. Extn. Educ. 9-325-327.

Pandit, D., Das, N.K. e Gupta, S., (2005). "Socio economic profile of sericulture farmer in west Bengal", J. Interacad 9 (4): 600-605

Pankaj, A. K., & Tankha, R. (2012).Efeitos de empoderamento do MGNREGS nas mulheres trabalhadoras. Direito ao trabalho e Índia rural: Working of the Mahatma Gandhi National Rural Employment Guarantee Scheme (MGNREGS), 273.

Parhad, A. R. (2010) Impacto da Lei Nacional de Garantia do Emprego Rural de Mahatma Gandhi nos beneficiários. Tese de Mestrado (Agri.) (Unpub.). MPKV, Rahuri, Maharashtra.

Patel, B. S. (2005b). "Peasantry modernization in integrated tribal development project area of Dahod district of Gujarat state" Tese de doutoramento (não publicada), Universidade Agrícola de Anand, Anand.

Prabeena kumar B. (2013) impacto do MGNREGA na vida das pessoas das tribos: Um estudo do bloco de Raygada no distrito de Gajapati. Odisha review, fevereiro-março: 62-66.

Prasad B (2017) Assegurar o emprego e os rendimentos através de programas públicos: um caso de MGNREGA no distrito de Ranga Reddy, Telangana Asian Journal of Research in Social Sciences and Humanities Vol. 7, No. 5, maio de 2017, pp. 18-34.s

Ramesh. G. e Kumar. A., (2009). A study of NREGA- Facet of Rural Women Empowerment.

Ramjiyani, D.B., (2013). "Attitude of rural youth towards agriculture as an occupation", M.Sc. (Agri.) Thesis, Anand Agricultural University, Anand.

Reddy, Ananda (2013), "MGNREGA - Um Programa para o Crescimento Inclusivo entre os Pobres Rurais na Índia", Revista Internacional de Investigação Científica (IJSR),Vol.2, Edição:11, novembro, pp.487-488.Rev. 15 (4): 155-162.

Roy, J., Gowda, K.N., Lakshminarayan, M.T., e Anand, T.N., (2012) "Profile and Problem of MGNREGA Beneficiaries: A A Study in Dhalai District of Tripura" Mysore J. Agric. Sci.47(1): 124-130, 2013.

Samarthan centre for development support (2010) impact assessment of MGNREGS in madhya pradesh email: info@samarthan.org

Sankari. V. e Murgan. C. S., (2009). NREGA- Impacto na União Panchayat de Udangudi de Tamil Nadu. Kurukshetra., 58 (2): 39-41

Sarkar P., Kumar J. e Supriya (2011). "Impact of MNREGA on Reducing Rural Poverty and Improving Socio-economic Status of Rural Poor: A Study in Burdwan District of West Bengal" [Impacto do MNREGA na redução da pobreza rural e na melhoria do estatuto socioeconómico dos pobres das zonas rurais: um estudo no distrito de Burdwan, em Bengala Ocidental]. Agricultural Economics Research Review Vol. 24 (Conference Number) 2011 pp 437-448.

Satyanarayana, M., (2002), Profile of swaranjayanthi gram swarozgar yojana beneficiaries in Dharwad district. Tese de Mestrado (Agri.) (Unpub.), Univ. Agril. Sci., Dharwad.

Sharnagat, P.M., (2008). "Attitude of beneficiaries towards National Horticulture Mission", Dissertação de Mestrado (Agri.) (não publicada), Dr. P.D.K.V. Akola (M.S).

Sheela kharkwal, Anil Kumar (2015) Socio-Economic impact of MGNREGA: Evidences from district of Udham Singh Nagar in Uttarakhand, India Indian Journal of Economics and Development, Vol 3 (12), December 2015.

Subhangi parshuramkar S. G. (2013) num estudo do impacto do MGNREGA nos meios de subsistência rurais de Eastern vidharbha, Tese de Doutoramento (Unpub.) Dr. Panjabrao Deshmukh Krushi Vidyapeeth Akola.

Sinha, A. (2014). MGNREGA: Antidote towards poverty alleviation through employment generation. Submetido para apresentação no 20º Fórum de Pensadores e Escritores de Skoch Delivering to an Aspiration India, New dehli.

Sudha Narayanan et al.(2008) MGNREGA Works And Their Impacts A Rapid Assessment in Maharashtra http://www.igidr.ac.in/pdf/publication/WP-2014-042.pdf

Supe, S. V. (2007). Técnicas de medição em ciências sociais. Agrotech Publishing Academy, Jaipur.

Surve, R. N e Jondhale, S. G. (2003). Atitude dos agricultores em relação ao regime nacional de seguro agrícola. Maha. J. Extn. Education, 27(2), 159-162.

Swaroopa Rani, J. (2000). Um estudo sobre o impacto do Jawahar Rozgar Yojana no distrito de Nizamabad de Andhra Pradesh. M. Sc. (Agjh*hesis (Não publicado), Acharya N G Ranga Agricultural University, Hyderabad (A.P.)

Thadathil, M.S. & Mohandas. (2012) impacto do MGNREGA na oferta de mão de obra para o sector agrícola do distrito de Wayanand, em Kerala. Revista de investigação em economia agrícola, 25(1): 151-155.

Tripathy. K. K. (2004). Self Help Group (SHG) - A catalyst for rural development Kurukshetra. 52(8)

Uddin, M.E., Rashid, M.U., e Akanda, M.G.R., (2008). "Attitude of coastal rural youth towards some selected modern agricultural technologies", Journal of Agriculture and Rural development, 6(1&2), 133-138.

Ujwala Jadhav. membro. (2011) Impacto do grupo de autoajuda na capacitação das mulheres Tese (Unpub) Univ. Dr. PDKV, akola

Upricar, S.M., (2008). "Attitude of rural youth about Agri-Business enterprise". Tese de Mestrado (Agri.), Dr. P.D.K.V., Akola.

Usha Rani Ahuja, D.Tyagi, S. Chauhan e K. R Chaudhary. (2011). Impacto do MGNREGA no emprego rural e na migração: A Study in Agriculturaly-backward and Agriculturally-advanced Districts of Haryana Agricultural Economics Research Review.

Vanitha, S.M., (2010), Uma análise económica do programa MGNREGA no distrito de Mysore, Karnataka. Tese de Mestrado (Agri.) (Unpub.), Univ. Agril. Sci., Bangalore.

Vinay Kumar G. (2009) Um estudo crítico sobre o desenvolvimento de mulheres e crianças nas zonas rurais de srikakulam, no distrito de Guntur, em Andhra Pradesh. Dissertação de Mestrado (Agri.) (não publicada). Universidade de Agricultura Acharya NG Ranga, Hydrabad (A.P.)

Wagh, B. R. (2006) Impact of Swarnjayanti Gram Swarozgar Yojana (SGSY) on the socio-economic impact of the beneficiaries from Nashik And Ahmednagar districts. Tese de doutoramento (Agri.) (não publicada), Mahatma Phule Krishi Vidhyapeeth. Rahuri

APÊNDICE I

DEPARTAMENTO DE ENSINO DE EXTENSÃO,

Dr. P. D. K. V. Akola

CALENDÁRIO DE ENTREVISTAS

Título da tese: ATITUDE DOS BENEFICIÁRIOS EM RELAÇÃO AO MAHATMA

EMPREGO RURAL NACIONAL GANDHI

ACTO DE GARANTIA [MGNREGA]

Nome do investigador: RAUT MANGESH ARUNRAO,

Mestrado em Extensão Agrícola, Dr. PDKV, Akola

 Nome do presidente:- Dr. U. R. CHINCHMALATPURE

Professor associado Dr. PDKV, AKOLA

INFORMAÇÕES GERAIS

Nome dos beneficiários do MGNREGA:-

....

N.º de telemóvel: .... **Aldeia** ....

Tahsil .... **Distrito:** <u>Wardha</u>

Parte-I <u>VARIÁVEIS INDEPENDENTES</u>

1. **Idade:-** .... anos

2. **Educação:-** .... std.

3. **Género:-** 1) masculino- ....

          2) feminino-..........

4. **Casta:-** ....

5. **Dimensão da família:-** ....

6. **Tipo de família:-** Conjunta/ Nuclear

7. **Ocupação**

N.º Sr.	Categoria	pontuação
1	MNREGA	1
2	MNREGA+ trabalho	2
3	MNREGA + trabalho agrícola + criação de animais	3
4	MNREGA + agricultura + criação de animais + outros	4

8. PROPRIEDADE FUNDIÁRIA

N.º Sr.	Categoria	Exploração de terras (ha.)
1.	Sem terra	0,00 ha
2.	Marginal	Até 1,00 ha.
3.	Pequeno	1,01 a 2,00 ha.
4.	Semi-Médio	2,01 a 4,00 ha.
5.	Médio	4,01 a 10,00 ha.
6.	Grande	Acima de 10,01 ha.

9) PARTICIPAÇÃO SOCIAL:-

É membro ou detentor de um cargo numa organização?

Sim/Não. Em caso afirmativo, indicar em qual dos

organizações de que é membro/titular de um cargo?

N.º Sr.	Nome da organização	Posição		Desde quando
		Membro	Portador do cargo	
A. INFORMAL				
1	Bhajani Mandal			
2	Mahila Mandal			
3	Grupo de agricultores			
4	Comerciantes/corretores			
5	Grupo de ajuda Selp			

B. FORMAL			
6	Sociedade Cooperativa			
7	Gram Panchayat			
8	Panchayat Samiti			
9	Zilla Parishad			
10	Comité da Educação			
11	Comité Anganwadi			
12.	Qualquer outro			

10. EXTENSÃO DE CONTACTO:-

Sr.No.	Extensão Contacto	sempre	por vezes	Nunca
1.	Gram Sevak			
2	Extensionista			
3	Agril. Assistente			
4	Taluka Agril. Officer			
5	Agril. Responsável pelo desenvolvimento			
6	Responsável pelo desenvolvimento de blocos			
7	Funcionários do Panchayat			
8	Gram sabha			
9	Amigos			
10	Familiares			
11	Pessoal das ONG			
12	Líderes locais			

11. FONTE DE INFORMAÇÃO

N.º Sr.	Fonte de informação	Peso	Frequência de utilização de diferentes fontes de informação				
			Vo(4)	O(3)	ST(2)	R(1)	N(0)
A. Fontes formais interpessoais							
1.	Responsável pelo desenvolvimento da aldeia						
2.	Assistente de agricultura						
3.	Responsável pelo desenvolvimento de blocos						
4.	Cientista da Universidade de Agricultura						
5.	SMS de KVK						
6.	Funcionários do Panchayat						
7.	Funcionários da cooperativa						
8.	Comerciantes de fertilizantes/pestici das/insumos						
B. Fontes informais interpessoais							
9.	Agricultor progressista						
10.	Parentes e amigos						
11.	Vizinhos						
C. Fontes dos meios de comunicação social							
12.	Jornal de Notícias						
13.	Rádio						
14.	Folhetos/Pastas						
15.	Revista Farm						
16.	Parcela de demonstração						
17.	Visita ao formulário do governo						
18.	Filme sobre agricultura						

| 19. | Móvel | | | | | |
| 20. | Internet | | | | | |

12. MOTIVAÇÃO ECONÓMICA

N.º Sr.	Declaração	SA	A	UDA	D	SD
01	O beneficiário deve esforçar-se por grande rendimento e lucro económico. (+)					
02	A pessoa mais bem sucedida é aquela que que obtém o lucro máximo. (+)					
03	O beneficiário deve experimentar qualquer novo ideia de agricultura que pode render mais lucro para ele. (+)					
04	O beneficiário deve adotar novas tecnologia em vez da tradicional as antigas para aumentar o lucro. (+)					
05	O beneficiário deve ganhar para o seu objetivo de vida, mas o mais importante não se pode determinar nada na vida em termos económicos. (-)					
06	Não vale a pena correr aqui e lá para ganhar mais dinheiro porque uma pessoa só pode ganhar esse montante que é decidido pelo destino. (-)					

Parte II <u>VARIÁVEL DEPENDENTE</u>

1. ATITUDE EM RELAÇÃO AO MGNREGA:-

N.º Sr.	Itens/ Indicador	SA	A	UDA	D	SD
01	O MNREGA é eficaz no reforço da segurança dos meios de subsistência nas zonas rurais. (+)					
02	Penso que a agricultura é o melhor ocupação para beneficiários do MNREGA(+)					
03	O MNREGA reforça o empoderamento das mulheres nas zonas rurais (+)					
04	Considero que não existe uma coordenação adequada entre o pessoal do programa e os beneficiários. (-)					
05	O MNREGA aumenta o poder de compra dos beneficiários (+).					
06	O MNREGA é uma bênção para as populações rurais pobres (+)					
07	Considero que o MNREGA é responsável pela escassez de mão de obra agrícola. (-)					
08	Penso que o modo de pagamento do salário no MNREGA não é correto.(-)					
09	A execução do MNREGA a nível das bases é ineficaz.(-)					
10	Não há discriminação em pagamento de salários tanto a homens como a mulheres no âmbito do MNREGA. (+)					
11	O MNREGA é melhor do que outros programas de emprego. (+)					
12	Penso que o MNREGA aumenta corrupção nas zonas rurais (-)					
13	O MNREGA não conseguiu evitar a migração da população rural (-)					

14.	O MNREGA não é muito frutuoso devido ao seu modelo de trabalho ineficaz.(-)					
15.	O MNREGA ajuda os beneficiários a melhorar o seu estatuto socioeconómico.					

1. MOTIVO DA PARTICIPAÇÃO:- O MOTIVO DA PARTICIPAÇÃO

Qual foi o motivo que o levou a participar no MGNREGA?

1. Melhorar a condição económica da família.
2. Ganhar dinheiro para a manutenção da casa.
3. Ganhar dinheiro para os cuidados de saúde de um membro da família.
4. Ganhar dinheiro para a compra de factores de produção agrícola.
5. Desenvolver a auto-confiança através da remuneração do trabalho humano.
6. Ganhar dinheiro para comprar melhores instalações para a casa.
7. Ganhar dinheiro para celebrar o dinheiro.
8. Ganhar dinheiro para financiar o negócio.

1. UTILIZAÇÃO DE OUTROS REGIMES DO GOV. REGIMES DO GOVERNO PELOS BENEFICIÁRIOS

O(a) senhor(a) ou outro membro da família está a trabalhar noutro regime que não o MGNREGA? **SIM/ NÃO**

(SE SIM, indique o nome do regime e quanto ganha com isso)

esquema} ...Rs.

1...

2..

3...

4..

RESTRIÇÕES :-

Encontrou algumas dificuldades enquanto trabalhava no MGNREGA?

Em caso afirmativo, queira indicar/especificar.

N.º Sr.	OBSTÁCULOS	Sim	Não
1			
2.			
3.			
4.			
5			
6.			

<u>APÊNDICE IV</u>

SUGESTÕES:-

Para uma melhor aplicação do regime.

N.º Sr.	Sugestões

Printed by Books on Demand GmbH, Norderstedt / Germany